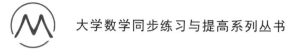

大学数学同步练习与提高系列丛书

U0155895

概率统计
同步练习与提高

主 编 石志岩

副主编 刘国艳 李晓婷 张真真

江苏大学出版社
JIANGSU UNIVERSITY PRESS

镇 江

图书在版编目(CIP)数据

概率统计同步练习与提高 / 石志岩主编. — 镇江：
江苏大学出版社，2022.8
ISBN 978-7-5684-1844-7

Ⅰ.①概… Ⅱ.①石… Ⅲ.①概率统计－高等学校－
教学参考资料 Ⅳ.①O211

中国版本图书馆 CIP 数据核字(2022)第 144782 号

概率统计同步练习与提高
Gailü Tongji Tongbu Lianxi yu Tigao

主　　编/石志岩
责任编辑/郑晨晖
出版发行/江苏大学出版社
地　　址/江苏省镇江市京口区学府路 301 号(邮编：212013)
电　　话/0511-84446464(传真)
网　　址/http://press.ujs.edu.cn
排　　版/镇江市江东印刷有限责任公司
印　　刷/句容市排印厂
开　　本/787 mm×1 092 mm　1/16
印　　张/6.5
字　　数/79 千字
版　　次/2022 年 8 月第 1 版
印　　次/2022 年 8 月第 1 次印刷
书　　号/ISBN 978-7-5684-1844-7
定　　价/25.00 元

如有印装质量问题请与本社营销部联系(电话：0511-84440882)

总　序

　　大学数学系列课程(高等数学、线性代数、概率论与数理统计)是工科类、经管类等本科专业必修的公共基础课,部分工科专业还开设"复变函数与积分变换"等数学课程.这些课程的知识广泛应用于自然科学、社会科学、经济管理、工程技术等领域,其内容、思想与方法对培养各类人才的综合素质具有不可替代的作用.大学数学系列课程着重培养学生的抽象思维能力、逻辑推理能力、空间想象能力、观察判断能力,以及综合运用所学知识分析问题、解决问题的能力.同时,大学数学系列课程也是高校开展数学素质教育,培养学生的创新精神和创新能力的重要课程.

　　为帮助学生学好大学数学系列课程,提高学习效果,江苏大学京江学院数学教研室全体教师及部分长期在江苏大学京江学院从事数学教学的江苏大学本部教师,根据教育部高等学校大学数学课程教学指导委员会制定的最新的课程教学基本要求,集体讨论、充分酝酿、分工合作,认真组织编写了"大学数学同步练习与提高"系列丛书.本丛书共五册,分别为《高等数学同步练习与提高》《高等数学试卷集》《线性代数同步练习与提高》《概率统计同步练习与提高》和《复变函数与积分变换同步练习与提高》.这套丛书是江苏大学京江学院办学二十余年来大学数学课程教学的重要成果之一.

　　四册"同步练习与提高"根据编写组多年来在相应课程及其习题课方面的经验,在多年使用的课程练习册讲义的基础上,参考相关教学辅导书精心编写而成.该丛书针对当前普通高校本科学生的学习特点和知识结构,对课程内容按章节安排了主要知识点回顾和典型习题强化练习,在习题的选取上致力于对传统内容的更新、补充和层次化(其中打 * 的是要求高、灵活性大的综合题).除此之外,还按章配备了单元测试和模拟试卷(参考答案扫描二维码即可获得),其中高等数学模拟卷单独成册,以便学生打好基础,把握重点.四册"同步练习与提高"相对于教材具有一定的独立性,可作为本科生学习大学数学系列课程的同步练习,也可作为研究生入学考试备考时强化基础知识用书.四册"同步练习与提高"的主要特色在于一书三用:1.同步主要知识点,帮助学生总结知识,形成知识体系,具有知识总结的功能;2.精心编制与教学同步的习题,帮助学生强化课程基础知识与基本技能,具有练习册的功能;3.精心编制单元测试及课程模拟试卷,助力学生系统掌握课程内容,做好期末考试的复习准备.

《高等数学试卷集》主要由工科类专业学生学习的高等数学(A)上、高等数学(A)下和经管类专业学生学习的高等数学(B)上、高等数学(B)下期末模拟考试选编试题及近几年江苏大学京江学院高等数学竞赛真题汇编而成,共计35套试题.其中,模拟试卷是在历年期末考试试题的基础上,充分考虑知识点的覆盖面及最新题型后精心修订而成的.同时,以附录的形式介绍了江苏大学京江学院高等数学竞赛、江苏省高等数学竞赛、全国大学生数学竞赛三项与高等数学相关的赛事,以及江苏大学京江学院学生近几年在上述赛事中取得的优异成绩.本书可作为本科生同步学习及备考高等数学的复习用书,也可作为研究生入学考试备考时强化基础知识用书.其主要特色在于:1.模拟试题题型丰富,知识点覆盖全面,注重考查基本知识和基本技能,以及学生运用数学知识解决问题的能力,也兼顾了数学思想的考查;2.所有试题提供参考答案,方便学生使用;3.普及并推广了数学竞赛(校赛、省赛、国赛).

在"大学数学同步练习与提高"系列丛书编写过程中,我们参考了国内外众多学校编写的教学辅导书及兄弟学校期末、竞赛试题,融入自身的教学经验,结合实际,反复修改,力求使本丛书受到读者的欢迎.在编写与出版过程中,得到了江苏大学出版社领导的大力支持和帮助,得到了江苏大学京江学院领导的关心和指导,编辑张小琴、孙文婷、郑晨晖、苏春晶为丛书的编辑和出版付出了辛勤的劳动,在此一并表示衷心的感谢! 由于编者水平有限,不妥之处在所难免,希望广大读者批评指正!

编 者

2022 年 7 月

 概率统计模拟试卷

扫码查看参考答案

目　　录

第 1 章 事件及其概率

习题 1.1 随机事件

一、主要知识点回顾

1. 自然界的现象大致可分为：＿＿＿＿＿＿＿＿＿＿，＿＿＿＿＿＿＿＿＿＿．

2. 随机试验满足的三个条件：＿＿＿＿＿＿，＿＿＿＿＿＿，＿＿＿＿＿＿．

3. 事件的关系与运算.

(1) 包含.集合表示：＿＿＿＿＿＿＿＿＿＿；语言描述：＿＿＿＿＿＿＿＿＿＿＿．

(2) 相等.集合表示：＿＿＿＿＿＿＿＿＿＿；语言描述：＿＿＿＿＿＿＿＿＿＿＿．

(3) 互不相容.集合表示：＿＿＿＿＿＿＿＿＿＿；语言描述：＿＿＿＿＿＿＿＿＿＿＿．

(4) 相互对立.集合表示：＿＿＿＿＿＿＿＿＿＿；语言描述：＿＿＿＿＿＿＿＿＿＿＿．

(5) 和(并).集合表示：＿＿＿＿＿＿＿＿＿＿；语言描述：＿＿＿＿＿＿＿＿＿＿＿．

(6) 积(交).集合表示：＿＿＿＿＿＿＿＿＿＿；语言描述：＿＿＿＿＿＿＿＿＿＿＿．

(7) 差.集合表示：＿＿＿＿＿＿＿＿＿＿；语言描述：＿＿＿＿＿＿＿＿＿＿＿．

4. 事件的运算规律.

(1) 交换律：$A \cup B =$ ＿＿＿＿＿＿＿＿，$A \cap B =$ ＿＿＿＿＿＿＿＿．

(2) 结合律：$(A \cup B) \cup C =$ ＿＿＿＿＿＿＿＿，$(A \cap B) \cap C =$ ＿＿＿＿＿＿＿＿．

(3) 分配律：$(A \cup B) \cap C =$ ＿＿＿＿＿＿＿＿，$(A \cap B) \cup C =$ ＿＿＿＿＿＿＿＿．

(4) 自反律：$\overline{\overline{A}} =$ ＿＿＿＿＿＿＿＿．

(5) 对偶律：$\overline{A \cup B} =$ ＿＿＿＿＿＿＿＿，$\overline{A \cap B} =$ ＿＿＿＿＿＿＿＿．

二、典型习题强化练习

1. 设 A, B, C 是三个随机事件,试用 A, B, C 的运算关系表示下列事件：

(1) $D =$ "A, B, C 中至少有一个发生" = ＿＿＿＿＿＿＿＿；

(2) $E =$ "A 发生,B 与 C 都不发生" = ＿＿＿＿＿＿＿＿；

(3) $F =$ "A, B, C 中恰有一个发生" = ＿＿＿＿＿＿＿＿；

(4) $G =$ "A, B, C 中恰有两个发生" = ＿＿＿＿＿＿＿＿；

(5) $H =$ "A, B, C 中不多于一个发生" = ＿＿＿＿＿＿＿＿．

2. 指出下列关系中哪些成立,哪些不成立.

(1) $A \cup B = A\overline{B} \cup B$；　　　　(2) $\overline{AB} = A \cup B$；

(3) $(AB)(A\overline{B}) = \varnothing$；　　　　(4) 若 $AB = \varnothing$, 且 $C \subset A$, 则 $BC = \varnothing$；

(5) 若 $A \subset B$, 则 $A \cup B = B$；　　　　(6) 若 $A \subset B$, 则 $AB = A$；

（7）$\overline{(A \cup B)C} = \overline{A}\,\overline{B}\,\overline{C}$.

3. 设 $\Omega = \{x \mid 0 \leqslant x \leqslant 2\}$，$A = \left\{x \mid \dfrac{1}{2} < x \leqslant 1\right\}$，$B = \left\{x \mid \dfrac{1}{4} \leqslant x \leqslant \dfrac{3}{2}\right\}$，试写出下列事件：

（1）$\overline{A}B$；

（2）$\overline{A} \cup B$；

（3）$\overline{\overline{A}\,\overline{B}}$；

（4）$\overline{AB}$.

4. 将一枚硬币连续抛掷三次,记事件 $A_i=$"第 i 次出现正面", $i=1,2,3$.用事件 A_i 表示下列事件:

(1) $B_1=$"前两次出现正面";

(2) $B_2=$"至少有两次出现正面";

(3) $B_3=$"只出现两次正面";

(4) $B_4=$"没有出现正面";

(5) $B_5=$"至少出现一次正面";

(6) $B_6=$"前两次中至少出现一次正面且第三次出现反面".

5. 证明: $(A\cup B)-B=A-AB=A\bar{B}=A-B$.

习题 1.2—1.3 事件的概率及其性质

一、主要知识点回顾

1. 古典概型的条件:(1) ＿＿＿＿＿＿＿＿＿;(2)＿＿＿＿＿＿＿.

2. 古典概型常用的计数法.

(1) 排列数:从 n 个元素中任选 m 个元素排成一排,共有排列数为 $A_n^m =$ ＿＿＿＿＿＿.

(2) 组合数:从 n 个元素中任选 m 个元素组合在一起,共有组合方式数为 $C_n^m =$ ＿＿＿＿＿＿＿.

3. 概率的性质.

(1) 不可能事件的概率为 ＿＿＿＿,必然事件的概率为 ＿＿＿＿;

(2) 等式 $P(A_1 \bigcup A_2 \bigcup \cdots \bigcup A_n) = P(A_1) + P(A_2) + \cdots + P(A_n)$ 成立的条件是 ＿＿＿＿.

(3) 事件 A 与事件 A 的对立事件 $\bar{A}$ 的概率满足 $P(\bar{A}) =$ ＿＿＿＿＿;

(4) 事件 A 与事件 B 的差的概率为 $P(A-B) =$ ＿＿＿＿＿;

(5) $P(A \bigcup B) =$ ＿＿＿＿＿;

二、典型习题强化练习

1. 已知 $P(\bar{A}) = 0.5, P(\bar{A}B) = 0.2, P(B) = 0.4$,求:

(1) $P(AB)$;

(2) $P(A-B)$;

(3) $P(A \bigcup B)$;

(4) $P(\bar{A}\,\bar{B})$.

2. 袋中装有 5 个白球、3 个黑球,从中一次任取 2 个球,求下列事件的概率:

(1) 取到的 2 个球颜色不同;

(2) 取到的 2 个球中有黑球.

3. 甲袋中装有 3 个白球、7 个红球、15 个黑球,乙袋中装有 10 个白球、6 个红球、9 个黑球,从两袋中各取一球,求两球颜色相同的概率.

4. 一只口袋里装有 5 个红球、4 个黄球、3 个白球,从中任取 3 个球,求下列事件的概率:

(1) 取到同色球;

(2) 取到的球颜色各不相同.

习题 1.4　条件概率

一、主要知识点回顾

1. (1) 条件概率：设 A,B 为两事件，且 $P(A)>0$，则称＿＿＿＿＿＿＿＿为在事件 A 发生的条件下事件 B 发生的条件概率.

(2) 乘法公式：若 $P(A)>0$，则根据条件概率的定义可知，$P(AB)=$＿＿＿＿＿＿.

(3) 乘法公式的推广：设 $A_1,A_2,\cdots,A_n$ 为 n 个事件，$n\geqslant 2$，若 $P(A_1A_2\cdots A_{n-1})>0$，则 $P(A_1A_2\cdots A_n)=$＿＿＿＿＿＿＿＿＿＿＿＿＿＿.

2. 全概率公式：设 $A_1,A_2,\cdots,A_n$ 为一完备事件组，且 $P(A_i)>0$，$i=1,2,\cdots,n$，则对于任意事件 B，有 $P(B)=$＿＿＿＿＿＿＿＿＿＿＿＿＿＿＿＿＿＿＿＿.

3. 贝叶斯公式：设 B 为事件，$A_1,A_2,\cdots,A_n$ 为一完备事件组，且 $P(B)>0$，$P(A_i)>0$，$i=1,2,\cdots,n$，则 $P(A_i|B)=$＿＿＿＿＿＿＿＿＿＿＿＿＿＿＿＿.

二、典型习题强化练习

1. 设 A,B 是两个随机事件，且 $P(A)=\dfrac{1}{4}$，$P(B|A)=\dfrac{1}{3}$，$P(A|B)=\dfrac{1}{2}$，则 $P(\overline{A}\,\overline{B})=$＿＿＿＿＿＿.

2. 已知 $P(A)=\dfrac{1}{4}$，$P(B|A)=\dfrac{1}{3}$，$P(A|B)=\dfrac{1}{2}$，则 $P(A\cup B)=$＿＿＿＿＿＿.

3. 甲袋中有 3 个白球、2 个黑球，乙袋中有 4 个白球、4 个黑球，从甲袋中任取两球放入乙袋，再从乙袋中任取一球，求该球是白球的概率.

4. 某年级有甲、乙、丙三个班级,各班人数分别占年级总人数的 $\frac{1}{4}$,$\frac{1}{3}$,$\frac{5}{12}$.已知甲、乙、丙三个班级中的集邮者人数分别占该班总人数的 $\frac{1}{2}$,$\frac{1}{4}$,$\frac{1}{5}$.

(1) 从该年级中随机选一人,求此人为集邮者的概率;

(2) 从该年级中随机选一人,发现此人为集邮者,求此人属于乙班的概率.

5. 一批零件共 100 个,次品率为 10%,每次从中任取 1 个,取出的零件不再放回,求第三次才取得正品的概率.

6. 将两种信息分别编码为 A 和 B 传递出去,接收站接收信息时,A 被误收作 B 的概率为 0.02,而 B 被误收作 A 的概率为 0.01,信息 A 和 B 传递的频繁程度比为 2:1.若接收站收到的信息是 A,则原发信息是 A 的概率是多少?

习题 1.5　事件的独立性及伯努利概型

一、主要知识点回顾

1. A, B 两事件满足 ＿＿＿＿＿＿＿＿ 时, 称事件 A, B 相互独立.

2. 设 A, B, C 为三个事件, 若 $P(AB)=$ ＿＿＿＿＿＿, $P(BC)=$ ＿＿＿＿＿＿, $P(AC)=$ ＿＿＿＿＿＿, 则称 A, B, C 三个事件＿＿＿＿＿＿独立; 进一步, 若 $P(ABC)=$ ＿＿＿＿＿＿, 则称 A, B, C 三个事件＿＿＿＿＿＿独立.

3. 伯努利试验: ＿＿＿＿＿＿＿＿＿＿＿＿＿＿＿＿＿＿＿＿＿＿＿.

4. n 重伯努利试验: 若在 n 次伯努利试验中, 事件 A 在每一次试验中发生的概率为 p ($0<p<1$), 则在 n 次试验中事件 A 恰好发生 k ($0 \leqslant k \leqslant n$) 次的概率为 ＿＿＿＿＿＿＿＿.

二、典型习题强化练习

1. 选择题.

(1) 设 A, B 是任意两个事件且 $A \subset B$, $P(B)>0$, 则下列选项必然成立的是 (　　).

A. $P(A)<P(A|B)$
B. $P(A) \leqslant P(A|B)$
C. $P(A)>P(A|B)$
D. $P(A) \geqslant P(A|B)$

(2) 设事件 A, B 互不相容, 则 (　　).

A. $P(\overline{A}\,\overline{B})=0$
B. $P(AB)=P(A)P(B)$
C. $P(A)=1-P(B)$
D. $P(\overline{A} \cup \overline{B})=1$

(3) 设 A, B, C 是相互独立的随机事件, 且 $0<P(C)<1$, 则在下列给定的四对事件中不相互独立的是 (　　).

A. $\overline{A \cup B}$ 与 C
B. $\overline{AC}$ 与 $\overline{C}$
C. $\overline{A-B}$ 与 $\overline{C}$
D. $\overline{AB}$ 与 $\overline{C}$

(4) 某人做试验, 每次成功的概率为 p ($0<p<1$), 则在 3 次重复试验中至少失败 1 次的概率为 (　　).

A. p^3
B. $1-p^3$
C. $(1-p)^3$
D. $(1-p)^3+p(1-p)^2+p^2(1-p)$

2. 设 A, B 是两个相互独立的事件, 已知 $P(A)=0.3$, $P(A \cup B)=0.65$, 求 $P(B)$.

3. 三个人独立地去破译一个密码,他们能译出的概率分别是 $\frac{1}{5},\frac{1}{3},\frac{1}{4}$,求他们将此密码译出的概率.

4. 设图示系统中每个部件的可靠性都是 r,且各部件能否正常工作是相互独立的.已知由 A 到 B 只要有一条通道正常工作,系统便能正常运行,求此系统的可靠性.

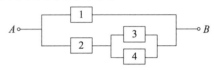

5. 进行 4 次独立重复试验,每次试验中事件 A 发生的概率为 0.3.若事件 A 不发生,则事件 B 也不发生;若事件 A 发生 1 次,则事件 B 发生的概率为 0.4;若事件 A 发生 2 次,则事件 B 发生的概率为 0.6;若事件 A 发生 2 次以上,则事件 B 一定发生.求事件 B 发生的概率.

单元测试 1

一、填空题

1. 已知 $P(A)=0.5$，$P(A\cup B)=0.6$，若 A,B 互斥，则 $P(B)=$＿＿＿＿＿＿＿.

2. 已知 $P(A)=0.92$，$P(B)=0.93$，$P(B\mid\overline{A})=0.85$，则 $P(A\mid\overline{B})=$＿＿＿＿＿＿＿；$P(A\cup B)=$＿＿＿＿＿＿＿.

3. 已知 $P(A)=0.5$，$P(A\cup B)=0.8$，且 A,B 相互独立，则 $P(A-B)=$＿＿＿＿＿＿＿；$P(\overline{A}\cup\overline{B})=$＿＿＿＿＿＿＿.

4. 一批产品共 100 件，其中有 16 件是不合格品，从该批产品中依次不放回地随机抽取 2 件，则第二次抽到的是不合格品的概率是＿＿＿＿＿＿＿.

二、选择题

1. 设 A,B 是任意两个事件，则下列选项正确的是（　　）.
   A. $(A\cup B)-B=A$
   B. $A\subset(A\cup B)-B$
   C. $(A\cup B)-B\subset A$
   D. 以上都不对

2. 设 A,B 为随机事件，$P(A)=0.8$，$P(B)=0.7$，$P(A\mid B)=0.8$，则下列选项正确的是（　　）.
   A. A 与 B 相互独立
   B. A 与 B 互斥
   C. $A\subset B$
   D. $P(A\cup B)=P(A)+P(B)$

3. 设 A,B,C 三个事件两两独立，则 A,B,C 相互独立的充要条件是（　　）.
   A. A 与 CB 独立
   B. AB 与 $A\cup C$ 独立
   C. AB 与 AC 独立
   D. $A\cup B$ 与 $A\cup C$ 独立

4. 某人向同一目标独立重复射击，每次射击命中目标的概率为 p，则此人第四次射击恰好第二次命中目标的概率是（　　）.
   A. $3p(1-p)^2$
   B. $6p(1-p)^2$
   C. $3p^2(1-p)^2$
   D. $6p^2(1-p)^2$

5. 设 $P(AB)=0$，则（　　）.
   A. A 与 B 不相容
   B. A 与 B 独立
   C. $P(A)=0$ 或 $P(B)=0$
   D. $P(A-B)=P(A)$

三、解答题

1. 设事件 A 与 B 相互独立,且 $P(A)=0.2$,$P(B)=0.45$,求:

(1) $P(A\cup B)$;

(2) $P(\overline{A}\,\overline{B})$.

2. 一批产品中由甲厂生产的产品占 70%,由乙厂生产的产品占 30%,甲厂产品的合格率为 95%,乙厂产品的合格率为 80%.从该批产品中随机地抽取 1 件,求下列事件的概率:

(1) 抽到合格品;

(2) 抽到的合格品是乙厂生产的.

3. 甲、乙两批种子的发芽率分别是 0.8,0.7,在两批种子中各随机取一粒,求:

(1) 两粒都发芽的概率;

(2) 至少有一粒发芽的概率;

(3) 恰有一粒发芽的概率.

4. 将 3 个不同的球随机地放入 4 个杯子中,求杯子中球的数量最多分别为 1,2,3 的概率.

5. 设第一只盒子中装有 3 个蓝球、2 个绿球、2 个白球,第二只盒子中装有 2 个蓝球、3 个绿球、4 个白球,现独立地分别从两只盒子中各取 1 个球.

（1）求至少有 1 个蓝球的概率;

（2）求有 1 个蓝球、1 个白球的概率;

（3）已知至少有 1 个蓝球,求有 1 个蓝球、1 个白球的概率.

第 2 章 随机变量及其分布

习题 2.1—2.2 随机变量及离散型随机变量

一、主要知识点回顾

1. 随机变量:若对于试验的每一种可能的结果,都有一个实数与之相对应,则称这样的 $X = X(\omega)$ 为随机变量.

2. 分布函数.

(1) 定义:设 X 为一随机变量,对于任意的实数 x,称 $F(x) = $＿＿＿＿＿＿＿＿＿为随机变量 X 的分布函数.

(2) 性质:对于任意的 $x_1 < x_2$,有＿＿＿＿＿＿＿＿成立,称为单调不减性;＿＿＿＿＿＿＿＿,称为右连续性;$\lim\limits_{x \to +\infty} F(x) = $＿＿＿＿＿＿＿;$\lim\limits_{x \to -\infty} F(x) = $＿＿＿＿＿＿.

3. 离散型随机变量.

(1) 分布律:若随机变量 X 只有有限个或可数无限个值,则称 X 为离散型随机变量.假设 X 可能的取值为 $x_1, x_2, \cdots, x_k, \cdots$,称 $P(X = x_k) = p_k (k = 1, 2, \cdots)$ 为随机变量 X 的分布律或概率分布.

(2) 离散型随机变量 X 的概率分布的性质.

① 非负性:＿＿＿＿＿＿＿＿＿＿＿＿; ② 规范性:＿＿＿＿＿＿＿＿＿＿＿＿.

4. 常见的离散型分布.

(1) 两点分布的概率分布:＿＿＿＿＿＿＿＿＿＿,记为＿＿＿＿＿＿＿.

(2) 二项分布的概率分布:$P(X = k) = $＿＿＿＿＿＿＿＿＿,记为＿＿＿＿＿＿＿.

(3) 泊松分布的概率分布:$P(X = k) = $＿＿＿＿＿＿＿＿＿,记为＿＿＿＿＿＿＿.

二、典型习题强化练习

1. 填空题.

(1) 设随机变量 X 的分布函数为 $F(x) = P(X \leqslant x) = \begin{cases} 0, & x < -1, \\ \dfrac{1}{8}, & x = -1, \\ ax + b, & -1 < x < 1, \\ 1, & x \geqslant 1, \end{cases}$ 且已知

$P(X = 1) = \dfrac{1}{4}$,则 $a = $＿＿＿＿＿＿,$b = $＿＿＿＿＿＿.

（2）设随机变量 X 的分布函数为 $F(x) = \begin{cases} 0, & x < -1, \\ 0.4, & -1 \leqslant x < 1, \\ 0.8, & 1 \leqslant x < 3, \\ 1, & x \geqslant 3, \end{cases}$ 则 X 的分布律为

_____.

2. 一只袋子中装有 5 个球，其编号分别为 1,2,3,4,5，从袋中同时取出 3 个球，用 ξ 表示取出的 3 个球中的最大号码，求 ξ 的分布律.

3. 已知离散型随机变量 ξ 的分布律：$P(\xi=1)=0.2$，$P(\xi=2)=0.3$，$P(\xi=3)=0.5$，试求 ξ 的分布函数 $F(x)$，并作出 $F(x)$ 的图像.

4. 某辆汽车沿街道行驶,需通过 3 个设有信号灯的路口,每个信号灯与其他信号灯相互独立,且每个信号灯显示红灯的概率为 $\frac{1}{3}$,用 ξ 表示该汽车首次遇到红灯时已通过的路口的个数,求 ξ 的分布律.

5. 粮仓内老鼠的数量服从泊松分布,如果 1 个粮仓内有 1 只老鼠的概率是有 2 只老鼠的概率的 2 倍,求粮仓内无老鼠的概率,并计算 10 个这样的粮仓内不超过 2 个粮仓无老鼠的概率.

习题 2.3　连续型随机变量

一、主要知识点回顾

1. 若随机变量 X 的分布函数 $F(x)$ 可以表示非负函数 $f(x)$ 的积分,即 _____,则称随机变量 X 为连续型随机变量,_____ 称为 X 的概率分布密度函数(概率密度函数),简称为概率密度或密度.

2. 概率密度 $f(x)$ 的性质.

(1) 非负性:_____;(2) 规范性:_____.

3. 常见的连续型分布.

(1) 均匀分布的概率密度:_____,记为 _____.

(2) 指数分布的概率密度:_____,记为 _____.

(3) 正态分布的概率密度:_____,记为 _____.

4. 若 $X \sim N(\mu, \sigma^2)$,则 $Y = $ _____ $\sim N(0,1)$.

二、典型习题强化练习

1. 填空题.

(1) 设随机变量 X 的概率密度为 $f(x) = \begin{cases} \dfrac{1}{3}, & 0 \leqslant x \leqslant 1, \\ \dfrac{2}{9}, & 3 \leqslant x \leqslant 6, \\ 0, & \text{其他}, \end{cases}$ 若存在 k 使得 $P(X \geqslant k) = \dfrac{2}{3}$,则 k 的取值范围是 _____.

(2) 设随机变量 $X \sim N(2, \sigma^2)$,且 $P\{2 < X < 4\} = 0.3$,则 $P\{X < 0\} = $ _____.

(3) 设随机变量 ξ 在区间 $[0,6]$ 上服从均匀分布,则方程 $x^2 + \xi x + 1 = 0$ 有实根的概率是 _____.

2. 设连续型随机变量 X 的概率密度为 $f(x) = \begin{cases} \dfrac{1}{\sqrt{2}\,x}, & 0 < x < 1, \\ 0, & \text{其他}, \end{cases}$ 求:

(1) $P\{X \leqslant 0.64\}$;

(2) $P\{0.25 \leqslant X \leqslant 0.81 \mid X \leqslant 0.64\}$.

3. 设随机变量 $X \sim N(0,1)$，求：

(1) $P\{X<3\}$；

(2) $P\{2.35<X<5\}$；

(3) $P\{X \leqslant -1\}$；

(4) $P\{X \geqslant 7\}$.

4. 设随机变量 $X \sim N(5,2^2)$，求：

(1) $P\{5<X<8\}$；

(2) $P\{X \leqslant 0\}$；

(3) $P\{|X-5|<2\}$；

(4) $P\{1.08<X<8.92\}$.

5. 某电子元件的使用寿命服从参数为 0.001（单位：h）的指数分布，求 X 的分布函数并计算 $P(1\,000<X<2\,000)$，以及该电子元件使用 500 h 没有坏的条件下，继续使用 100 h 依然完好的概率.

习题 2.4　随机变量函数的分布

一、主要知识点回顾

1. 离散型随机变量函数的分布.

设离散型随机变量 X 的概率分布为 $P(X=x_i)=p_i$, $i=1,2,\cdots$, $Y=g(X)$, 则 Y 仍是离散型随机变量. 求 Y 的分布律分两步: 先求出 Y 可能的取值 $y_1,y_2,\cdots$; 再求 Y 取每一个值的概率 $P(Y=y_i)=$ _____.

2. 连续型随机变量函数的分布.

设连续型随机变量 X 的概率密度为 $f(x)$, $Y=g(X)$, Y 的分布可以是离散型, 也可以是连续型.

（1）Y 的分布是离散型: Y 的概率分布与离散型随机变量函数的分布求法相同.

（2）Y 的分布是连续型: 求 Y 的概率分布时, 一般先求 Y 的分布函数 $F_Y(y)=P(Y\leqslant y)=$ _____; 再通过求 $F_Y(y)$ 的 _____ 求得 Y 的概率密度 $f_Y(y)$.

二、典型习题强化练习

1. 设随机变量 X 服从区间 $[0,2]$ 上的均匀分布, 则随机变量 $Y=X^2$ 在区间 $[0,4]$ 上的概率密度函数为 _____.

2. 设随机变量 X 服从参数为 $p=0.6$ 的 $0-1$ 分布, 求 $Y_1=X^2$, $Y_2=X^2-2X$ 的概率分布.

3. 设随机变量 X 服从参数为 $\lambda=1$ 的指数分布, $Y_1=\sqrt{X}$, $Y_2=X^2$, 求 Y_1, Y_2 的概率密度函数.

单元测试 2

一、填空题

1. 设离散型随机变量 X 的分布函数为 $P(X=k)=a^k C_n^k \left(\dfrac{2}{3}\right)^{n-k}$，$k=0,1,2,\cdots,n$，则 $a=$＿＿＿＿＿＿；当 $n=3$ 时，$P(X\leqslant 2)=$＿＿＿＿＿＿．

2. 设连续型随机变量 X 的概率密度为 $f(x)=\begin{cases} x^2, & 0\leqslant x<1, \\ 1, & 1<x\leqslant a, \\ 0, & \text{其他,} \end{cases}$ 则 $a=$＿＿＿＿＿＿，$P(X>0.6)=$＿＿＿＿＿＿．

3. 设随机变量 X 的概率密度为 $f(x)=\begin{cases} 4x^3, & 0\leqslant x\leqslant 1, \\ 0, & \text{其他,} \end{cases}$ 且 $P(X>a)=P(X<a)$，则 $a=$＿＿＿＿＿＿．

4. 假设随机变量 X 在区间 $[2,5]$ 上服从均匀分布，现对 X 进行三次独立观测，则至少有两次观测值大于 3 的概率是＿＿＿＿＿＿．

5. 设随机变量 $\eta\sim U[-1,6]$，则 $t^2+\eta t+1=0$ 有实根的概率是＿＿＿＿＿＿．

二、解答题

1. 若每次射击中靶的概率为 0.7，射击 10 次，求：
(1) 命中 3 次的概率；
(2) 至少命中 3 次的概率．

2. 设 X 为一离散型随机变量, 其分布律为

X	-1	0	1
p	$\dfrac{1}{2}$	$1-2q$	q^2

求: (1) q 的值;

(2) X 的分布函数.

3. 设随机变量 X 的分布函数为 $F(x) = A + B\arctan x$, $-\infty < x < +\infty$. 求:

(1) 系数 A, B 的值;

(2) X 落在区间 $(-1, 1]$ 内的概率.

4. 已知连续型随机变量 X 的概率密度为 $f(x) = \begin{cases} ax, & 0 < x < 2, \\ b - 0.25x, & 2 \leqslant x \leqslant 4, \\ 0, & \text{其他}, \end{cases}$ 且 $P(1 < X <$

$3) = 0.75$. 求:

(1) 常数 a, b 的值;

(2) X 的分布函数.

5. 一栋楼装有 5 台同类型的供水设备,设各台设备是否被使用是相互独立的.调查表明,在任一时刻 t 每台设备被使用的概率都是 0.1,则在同一时刻:

（1）恰有 2 台设备被使用的概率;

（2）至少有 3 台设备被使用的概率;

（3）至多有 3 台设备被使用的概率;

（4）至少有 1 台设备被使用的概率.

6. 设 $X \sim N(3, 2^2)$.

（1）求 $P(2 < X \leqslant 5), P(-4 < X \leqslant 10), P(|X| > 2), P(X > 3)$;

（2）确定 c,使得 $P(X > c) = P(X \leqslant c)$;

（3）设 d 满足 $P(X > d) \geqslant 0.9$,问 d 至多为多少?

7. 已知离散型随机变量 ξ 的分布律为

ξ	-2	-1	0	1	3
p	$\dfrac{1}{5}$	$\dfrac{1}{6}$	$\dfrac{1}{5}$	$\dfrac{1}{15}$	$\dfrac{11}{30}$

求：（1）$\xi-2$ 的分布律；

（2）ξ^2 的分布律.

8. 设随机变量 X 在区间 $[0,1]$ 上服从均匀分布，求：

（1）$Y=e^X$ 的概率密度；

（2）$Y=-2\ln X$ 的概率密度.

第 3 章　多维随机变量及其分布

习题 3.1　二维随机变量

一、主要知识点回顾

1. 二维随机变量分布函数的定义：设 (X,Y) 是二维随机变量，对于任意的实数对 (x,y)，二元函数 $F(x,y)=$＿＿＿＿＿＿＿＿＿＿＿＿＿＿，称为随机变量 X 与 Y 的联合分布函数，或简称二维随机变量 (X,Y) 的分布函数.

2. 二维随机变量的分布函数 $F(x,y)$ 的性质.

(1) $F(x,y)$ 分别是变量 x 和 y 的单调不减函数，即对任意固定的 y，当 $x_1<x_2$ 时，$F(x_1,y)$＿＿＿＿＿ $F(x_2,y)$；对任意固定的 x，当 $y_1<y_2$ 时，$F(x,y_1)$＿＿＿＿＿ $F(x,y_2)$.

(2) $F(x,y)$ 分别关于 x,y 右连续，即 $F(x+0,y)=$＿＿＿＿＿＿＿，$F(x,y+0)=$＿＿＿＿＿＿＿.

(3) $F(-\infty,y)=\lim\limits_{x\to-\infty}F(x,y)=$＿＿＿＿＿；$F(x,-\infty)=\lim\limits_{y\to-\infty}F(x,y)=$＿＿＿＿＿；

$F(-\infty,-\infty)=\lim\limits_{\substack{x\to-\infty\\y\to-\infty}}F(x,y)=$＿＿＿＿＿；$F(+\infty,+\infty)=\lim\limits_{\substack{x\to+\infty\\y\to+\infty}}F(x,y)=$＿＿＿＿＿.

(4) 对任意 (x_1,y_1) 和 (x_2,y_2)（其中 $x_1<x_2,y_1<y_2$），下述不等式成立 $F(x_2,y_2)-F(x_1,y_2)-F(x_2,y_1)+F(x_1,y_1)$＿＿＿＿＿ 0.

3. 联合分布律的定义：若二维随机变量 (X,Y) 只取有限个或者可数个值 $(x_i,y_j)(i,j=1,2,\cdots)$，则称 (X,Y) 为二维离散型随机变量，并称 $P(X=x_i,Y=y_j)=$＿＿＿＿＿为二维随机变量 (X,Y) 的联合概率分布或联合分布律.

4. 联合分布律的性质.

(1) 非负性：＿＿＿＿＿＿＿＿.

(2) 规范性：＿＿＿＿＿＿＿＿.

5. 二维连续型随机变量的定义：设 $F(x,y)$ 为二维随机变量 (X,Y) 的联合分布函数，若存在非负函数 $f(x,y)$ 使得对任意的 x,y 有＿＿＿＿＿＿＿＿，则称 (X,Y) 是二维连续型随机变量，并称函数 $f(x,y)$ 为二维随机变量 (X,Y) 的联合概率密度.

6. 二维连续型随机变量 (X,Y) 的联合概率密度 $f(x,y)$ 的性质.

(1) 非负性：＿＿＿＿＿＿＿＿.

(2) 规范性：＿＿＿＿＿＿＿＿.

(3) $P\{(X,Y)\in D\}=$＿＿＿＿＿，其中 D 为 xOy 平面内的任一区域.

（4）若 $f(x,y)$ 满足一定条件，则有 $\dfrac{\partial^2 F(x,y)}{\partial x \partial y} =$ _____，其中 $F(x,y)$ 为 (X,Y) 的分布函数.

二、典型习题强化练习

1. 填空题.

（1）抛硬币试验时，记"正面朝上"为 1，"反面朝上"为 0，现随机抛硬币两次，记第一次抛硬币的结果为随机变量 ξ，第二次抛硬币的结果为随机变量 η，则 (ξ, η) 的取值有 _____.

（2）若二维随机变量 (X,Y) 的联合分布律如下所示，则 a,b 满足的关系式为 _____.

X\Y	1	2
1	$\dfrac{1}{3}$	$\dfrac{1}{3}$
2	$\dfrac{1}{9}$	b
3	a	$\dfrac{1}{9}$

（3）设二维随机变量 (X,Y) 的概率密度函数为

$$f(x,y) = \begin{cases} c, & -1<x<1,\ -1<y<1, \\ 0, & \text{其他}, \end{cases}$$

则常数 $c =$ _____.

2. 设二维随机变量(X,Y)的联合分布函数为

$$F(x,y)=A\left(B+\arctan\frac{x}{2}\right)\left(C+\arctan\frac{y}{2}\right),$$

其中A,B,C为常数，$-\infty<x<+\infty$，$-\infty<y<+\infty$.求：

（1）常数A,B,C的值；

（2）$P(0<X\leqslant 2\sqrt{3},0<Y\leqslant 2\sqrt{3})$.

3. 一只袋子中装有3个球，其编号分别为$1,2,3$，从袋中任取一球，不放回袋中，再任取一球，用ξ,η分别表示第一、二次取得的球的编号，试求(ξ,η)的联合分布律.

4. 已知二维随机变量 (X,Y) 的联合概率密度为

$$f(x,y)=\begin{cases} k(6-x-y), & 0<x<2, 2<y<4, \\ 0, & \text{其他.} \end{cases}$$

(1) 试确定常数 k 的值；

(2) D 为平面上由不等式 $x+y<3$ 确定的区域，求 $P\{(X,Y)\in D\}$.

习题 3.2　二维随机变量的边缘分布与条件分布

一、主要知识点回顾

1. 二维离散型随机变量的边缘分布的定义:设(X,Y)是二维离散型随机变量,由于
$P(X=x_i)=P(X=x_i,Y<+\infty)=$＿＿＿＿＿＿＿＿＿＿＿＿＿＿＿,因此 X 的边缘分布也是
离散型的.为方便起见,将$\sum\limits_{j=1}^{\infty}p_{ij}$记作$p_{i\cdot}$,则 X 的边缘概率分布为$P(X=x_i)=p_{i\cdot}.(i=1,$
$2,\cdots).$同理可得,关于 Y 的边缘分布也是离散型的,它的边缘概率分布为$P(Y=y_j)=$＿＿＿
＿＿＿＿＿＿＿＿.

2. 二维连续型随机变量的边缘分布的定义:设二维连续型随机变量(X,Y)的联合概率
密度函数为 $f(x,y)$,由于$F_X(x)=F(x,+\infty)=$＿＿＿＿＿＿＿＿＿＿＿＿＿,因此 X 的边
缘分布也是连续型的,它的边缘概率密度为$f_X(x)=$＿＿＿＿＿＿＿＿.同理可得,关于 Y 的
边缘分布也是连续型的,其边缘概率密度为$f_Y(y)=$＿＿＿＿＿＿＿＿.

3. 二维离散型随机变量的条件分布的定义:设(X,Y)是二维离散型随机变量,其联合
分布律为 $P(X=x_i,Y=y_j)=p_{ij}(i,j=1,2,\cdots)$,则其关于 X,Y 的边缘分布律分别为
$P(X=x_i)=p_{i\cdot}=\sum\limits_{j=1}^{n}p_{ij}(i=1,2,\cdots)$ 和 $P(X=y_j)=p_{\cdot j}=\sum\limits_{i=1}^{n}p_{ij}(j=1,2,\cdots)$,设
$p_{i\cdot}>0,p_{\cdot j}>0,$那么在事件"$Y=y_j$"已经发生的条件下,事件"$X=x_i$"发生的概率为
$$P(X=x_i\,|\,Y=y_j)=\frac{P(X=x_i,Y=y_j)}{P(Y=y_j)}=\underline{\hspace{3cm}},i=1,2,\cdots.$$

4. 条件概率满足概率分布的两个性质.

(1) 非负性:$P(X=x_i\,|\,Y=y_j)=\dfrac{p_{ij}}{p_{\cdot j}}$ ＿＿＿＿＿＿＿ $0.$

(2) 规范性:$\sum\limits_{i=1}^{\infty}P(X=x_i\,|\,Y=y_j)=\sum\limits_{i=1}^{\infty}\dfrac{p_{ij}}{p_{\cdot j}}=\dfrac{\sum\limits_{i=1}^{\infty}p_{ij}}{p_{\cdot j}}=\underline{\hspace{2cm}}.$

5. 二维连续型随机变量的条件分布的定义.

(1) 在 $Y=y$ 条件下 X 的条件概率为$f_{X|Y}(x\,|\,y)=$＿＿＿＿＿＿＿＿$(f_Y(y)>0);$

(2) 在 $X=x$ 条件下 Y 的条件概率为$f_{Y|X}(y\,|\,x)=$＿＿＿＿＿＿＿＿$(f_X(x)>0).$

二、典型习题强化练习

1. 填空题.

(1) 设二维随机变量 (X,Y) 的联合分布律如下所示,则随机变量 X 和 Y 的边缘分布律为 _____ ,条件概率 $P(Y=0\,|\,X=0)=$ _____ .

X＼Y	0	1
0	$\dfrac{15}{28}$	$\dfrac{6}{28}$
1	$\dfrac{6}{28}$	$\dfrac{1}{28}$

(2) 设二维连续型随机变量 (X,Y) 的联合概率密度函数为

$$f(x,y)=\begin{cases} 24xy, & x^2\leqslant y\leqslant x,\ 0\leqslant x\leqslant 1, \\ 0, & \text{其他,} \end{cases}$$

则边缘概率密度 $f_X(x)=$ _____ ,以及在 $X=x\,(0\leqslant x\leqslant 1)$ 条件下的条件概率密度函数 $f_{Y|X}(y\,|\,x)=$ _____ .

2. 设二维随机变量 (X,Y) 的联合分布律如下所示,求:

(1) 在 Y 发生的条件下关于 X 的条件分布律;

(2) X,Y 的边缘分布.

X＼Y	-1	1	2
-1	$\dfrac{5}{20}$	$\dfrac{2}{20}$	$\dfrac{6}{20}$
2	$\dfrac{3}{20}$	$\dfrac{3}{20}$	$\dfrac{1}{20}$

3. 设区域 D 由曲线 $y=x^2$，$x=1$ 和 $y=0$ 所围成，且二维随机变量 (X,Y) 服从区域 D 上的二维均匀分布，求 (X,Y) 的边缘概率密度 $f_X(x)$ 和 $f_Y(y)$.

习题 3.3 随机变量的相互独立性

一、主要知识点回顾

1. 二维随机变量(X,Y)相互独立的定义:设 $F(x,y),F_X(x),F_Y(y)$ 分别是二维随机变量(X,Y)的联合分布函数和边缘分布函数,若对于所有的 x,y 均有 $P(X\leqslant x,Y\leqslant y)=$ _____,即 $F(x,y)=$ _____,则称随机变量 X 和 Y 是相互独立的,简称 X 与 Y 相互独立.

2. 二维随机变量相互独立的充要条件.

(1) 离散量:$p_{ij}=$ _____.

(2) 连续型:$f(x,y)=$ _____.

二、典型习题强化练习

1. 设(X,Y)的联合分布律如下所示,证明:X,Y 相互独立.

X \ Y	-1	0	1
0	0.1	0.05	0.1
1	0.1	0.05	0.1
3	0.2	0.1	0.2

2. 设二维随机变量(X,Y)的联合概率密度为
$$f(x,y)=\begin{cases} ax^2y^3, & 0\leqslant x\leqslant1,0\leqslant y\leqslant1, \\ 0, & 其他, \end{cases}$$
求:(1) 系数 a 的值;

(2) X,Y 的边缘概率密度,并判断 X,Y 是否相互独立.

习题 3.4　二维随机变量的函数的分布

一、主要知识点回顾

1. 二维离散型随机变量的函数的分布.

$Z＝X＋Y$ 型：$P(Z＝z_k)＝P(X＋Y＝z_k)＝$＿＿＿＿＿＿＿＿，其中求和是对一切使得 $x_i＋y_j＝z_k$ 的 i,j 来做的.

2. 二维连续型随机变量的函数的分布.

（1）$M＝\max\{X,Y\}$ 和 $N＝\min\{X,Y\}$ 的分布（X 与 Y 相互独立）.

X 和 Y 的分布函数分别记作 $F_X(x)$ 和 $F_Y(y)$，则

对于 $M＝\max\{X,Y\}$，有 $F_M(z)＝$＿＿＿＿＿＿＿＿＿＿＿＿＿，

对于 $N＝\min\{X,Y\}$，有 $F_N(z)＝$＿＿＿＿＿＿＿＿＿＿＿＿＿.

（2）$Z＝X＋Y$ 型.

$Z＝X＋Y$ 的分布函数：$F_Z(z)＝P\{Z\leqslant z\}＝$＿＿＿＿＿＿＿＿＿＿＿.

$Z＝X＋Y$ 的概率密度函数：$f_Z(z)＝\int_{-\infty}^{+\infty}f(x,z-x)\mathrm{d}x$ 或＿＿＿＿＿＿＿＿＿＿＿.

当 X 与 Y 相互独立时，$Z＝X＋Y$ 的概率密度函数为 $f_Z(z)＝\int_{-\infty}^{+\infty}f_X(x)f_Y(z-x)\mathrm{d}x$ 或＿＿＿＿＿＿＿＿＿＿＿＿，称为卷积公式，一般记作 $f_Z＝f_X*f_Y$.

二、典型习题强化练习

1. 设二维随机变量 (X,Y) 的联合分布律如下所示，求：

（1）$X＋Y$ 的分布律；

（2）$X－Y$ 的分布律.

X＼Y	−1	1	2
−1	$\frac{5}{20}$	$\frac{2}{20}$	$\frac{6}{20}$
2	$\frac{3}{20}$	$\frac{3}{20}$	$\frac{1}{20}$

*2. 设 X 和 Y 是两个相互独立的随机变量,其概率密度分别为

$$f_X(x) = \begin{cases} 1, & 0 \leqslant x \leqslant 1, \\ 0, & \text{其他}; \end{cases} \qquad f_Y(y) = \begin{cases} \mathrm{e}^{-y}, & y > 0, \\ 0, & \text{其他}. \end{cases}$$

求随机变量 $Z = X + Y$ 的概率密度.

单元测试 3

1. 设二维随机变量 (ξ, η) 仅取 $(1,0)$, $(2,1)$, $(4,5)$, $(1,1.3)$, $(3,1)$ 五个值, 且取值概率相同, 求:

(1) (ξ, η) 的联合分布律;

(2) 随机变量 ξ, η 的边缘分布律, 并判断 ξ, η 是否相互独立.

2. 一只袋子中装有 3 个球, 其编号分别为 2, 3, 4, 从袋中任取一球不放回, 再任取一球, 分别用 ξ, η 表示第一、第二次取得的球的编号, 试求 (ξ, η) 的联合分布律.

3. 设随机变量 ξ,η 相互独立, 它们的分布律分别为

ξ	0	1	2	3
p	$\dfrac{1}{4}$	$\dfrac{1}{12}$	$\dfrac{1}{3}$	$\dfrac{1}{3}$

η	-1	0	1
p	$\dfrac{1}{3}$	$\dfrac{1}{2}$	$\dfrac{1}{6}$

求 (ξ,η) 的联合分布律.

4. 设二维随机变量 (ξ,η) 的联合概率密度为

$$f(x,y)=\begin{cases} Kxy^2, & 0\leqslant x\leqslant 1, 0\leqslant y\leqslant 1, \\ 0, & \text{其他}, \end{cases}$$

求: (1) 系数 K 的值;

(2) 关于 ξ,η 的边缘概率密度, 并判断 ξ,η 是否相互独立;

(3) $P\left(-1\leqslant\xi\leqslant\dfrac{1}{2}, -2\leqslant\eta<\dfrac{1}{2}\right)$.

5. 设随机变量 ξ, η 相互独立，ξ 在区间 $[0,1]$ 上服从均匀分布，η 服从参数 $\lambda = 5$ 的指数分布.

（1）求 (ξ, η) 的联合概率密度；

（2）设含 a 的二次方程为 $a^2 + 2\sqrt{\xi}a + \eta = 0$，试求 a 有实根的概率.

*6. 设随机变量 ξ, η 相互独立, 它们的概率密度分别为

$$f_\xi(x) = \begin{cases} x\mathrm{e}^{-x}, & x > 0, \\ 0, & x \leqslant 0; \end{cases} \qquad f_\eta(y) = \begin{cases} y\mathrm{e}^{-y}, & y > 0, \\ 0, & y \leqslant 0. \end{cases}$$

求随机变量 $\zeta = \xi + \eta$ 的概率密度.

第4章 随机变量的数字特征

习题 4.1 随机变量的数学期望

一、主要知识点回顾

1. 随机变量的数学期望的定义.

(1) 离散型随机变量:设 X 是离散型随机变量,其概率分布为 $P(X=x_i)=p_i(i=1,$
$2,\cdots)$.若级数 $\sum_{i=1}^{\infty}x_ip_i$ 绝对收敛,则称其和为离散型随机变量 X 的数学期望或简称期望(均值),记作 $E(X)$,即 $E(X)=\sum_{i=1}^{\infty}x_ip_i$.

(2) 连续型随机变量:设连续型随机变量 X 的概率密度函数为 $f(x)$,若积分 $\int_{-\infty}^{+\infty}xf(x)\,\mathrm{d}x$ 绝对收敛,则称该积分为随机变量 X 的数学期望,记作 $E(X)$,即 $E(X)=\int_{-\infty}^{+\infty}xf(x)\,\mathrm{d}x$.

2. 数学期望的性质.

(1) 设 C 是常数,则 $E(C)=$ _____.

(2) 设 X 是随机变量,C 是常数,则 $E(CX)=$ _____.

(3) 设 X,Y 是两个随机变量,则 $E(X+Y)=$ _____;$E(\sum_{i=1}^{n}C_iX_i)=$ _____,其中 $C_i(i=1,2,\cdots,n)$ 为常数.

(4) 设 X,Y 是两个相互独立的随机变量,则 $E(XY)=$ _____.

3. 几种常见分布的数学期望.

(1) 二项分布:设 $X\sim B(n,p)$,则 $E(X)=$ _____.

(2) 泊松分布:设 $X\sim P(\lambda)$,则 $E(X)=$ _____.

(3) 均匀分布:设 $X\sim U[a,b]$,则 $E(X)=$ _____.

(4) 指数分布:设 $X\sim E(\lambda)$,则 $E(X)=$ _____.

(5) 正态分布:设 $X\sim N(\mu,\sigma^2)$,则 $E(X)=$ _____.

4. 随机变量函数的数学期望.

设 $Y=g(X)$ 是随机变量 X 的函数,且 $g(x)$ 是连续函数.

(1) 设 X 是离散型随机变量,其概率分布为 $P(X=x_i)=p_i(i=1,2,\cdots)$,若级数 $\sum_{i=1}^{\infty}g(x_i)p_i$ 绝对收敛,则 $E(Y)=$ _____.

（2）设 X 是连续型随机变量，其概率密度为 $f(x)$，若积分 $\int_{-\infty}^{+\infty} g(x)f(x)\,\mathrm{d}x$ 绝对收敛，则 $E(Y)=$ _____.

二、典型习题强化练习

1. 填空题.

（1）设 X 是离散型随机变量，其分布律为 $P(X=i)=\dfrac{1}{3}$ $(i=1,2,3)$，则期望 $E(X)=$ _____.

（2）设 $\xi \sim B(100,0.4)$，则 $E(\xi)=$ _____.

（3）设 ξ,η 为两个随机变量，且 $E(\xi)=3$，$E(\eta)=5$，则 $E(2\xi+3\eta)=$ _____.

（4）对直径作近似测量，设所得结果均匀分布在区间 $[a,b]$ 内，则圆面积的期望值 $E(S)=$ _____.

2. 设随机变量 X 的概率分布律如下所示，求：

（1）$E(2X-3)$；

（2）$E(X^2)$；

（3）$E(3X^2+1)$.

X	1	2	3
p	0.4	0.1	0.5

3. 设二维随机变量 (X,Y) 的联合概率密度函数为

$$f(x,y)=\begin{cases} \dfrac{1}{4}x(1+3y^2), & 0<x<2,0<y<1, \\ 0, & \text{其他.} \end{cases}$$

求：（1）$E(X)$；

（2）$E(Y)$；

（3）$E(XY)$；

（4）$E\left(\dfrac{Y}{X}\right)$.

习题 4.2　随机变量的方差

一、主要知识点回顾

1. 方差的定义:设 X 是一个随机变量,若 $E[X-E(X)]^2$ 存在,则称 $E[X-E(X)]^2$ 为 X 的方差,记作 $D(X)$ 或 $\mathrm{Var}(X)$,即 $D(X)=$ ＿＿＿＿＿＿＿＿＿＿,方差的算术平方根 $\sqrt{D(X)}$ 称为 X 的标准差或均方差.

公式法:＿＿＿＿＿＿＿＿＿＿.

2. 方差的性质.

(1) 设 C 是常数,则 $D(C)=$ ＿＿＿＿＿＿;

(2) 设 X 是随机变量,C 是常数,则 $D(X+C)=$ ＿＿＿＿＿＿;

(3) 设 X 是随机变量,C 是常数,则 $D(CX)=$ ＿＿＿＿＿＿;

(4) 设 X,Y 是两个相互独立的随机变量,则 $D(X\pm Y)=$ ＿＿＿＿＿＿;

(5) $D(X)=0$ 的充要条件是 X 以概率 1 取常数 C,即 $P(X=C)=$ ＿＿＿＿＿＿,显然这里 $C=E(X)$.

3. 几种常见的分布的方差.

(1) 二项分布:设 $X\sim B(n,p)$,则 $D(X)=$ ＿＿＿＿＿＿;

(2) 泊松分布:设 $X\sim P(\lambda)$,则 $D(X)=$ ＿＿＿＿＿＿;

(3) 均匀分布:设 $X\sim U[a,b]$,则 $D(X)=$ ＿＿＿＿＿＿;

(4) 指数分布:设 $X\sim E(\lambda)$,则 $D(X)=$ ＿＿＿＿＿＿;

(5) 正态分布:设 $X\sim N(\mu,\sigma^2)$,则 $D(X)=$ ＿＿＿＿＿＿.

4. 切比雪夫不等式:设随机变量 X 的数学期望 $E(X)=\mu$,方差 $D(X)=\sigma^2$,则对任意的正数 ε,不等式 $P(|X-\mu|\geqslant\varepsilon)\leqslant\dfrac{\sigma^2}{\varepsilon^2}$ 或 $P(|X-\mu|\leqslant\varepsilon)\geqslant 1-\dfrac{\sigma^2}{\varepsilon^2}$ 成立.

二、典型习题强化练习

1. 填空题.

(1) 已知 X,Y 是两个相互独立的随机变量,$D(X)=4$,$D(Y)=1$,则 $D(3X-2Y)=$ ＿＿＿＿＿＿.

(2) 设随机变量 X 在区间 $[0,6]$ 上服从均匀分布,Y 服从参数为 $n=100$,$p=0.2$ 的二项分布,且 X 与 Y 相互独立,则 $E(2X-Y)=$ ＿＿＿＿＿＿,$D(2X-Y)=$ ＿＿＿＿＿＿.

(3) 已知 X 的期望 $E(X)$ 存在,且 $D(X)>0$,设 $Y=\dfrac{X-E(X)}{\sqrt{D(X)}}$,则 $E(Y)=$ ＿＿＿＿＿＿,$D(Y)=$ ＿＿＿＿＿＿.

(4) 已知 $X\sim B(5,0.2)$,则 $D(3X+2)=$ ＿＿＿＿＿＿.

2. 设 X 是连续型随机变量, 其概率密度函数为 $f(x)=\begin{cases}1+x, & -1<x<0, \\ 1-x, & 0<x\leqslant1, \\ 0, & \text{其他,}\end{cases}$ 求 $D(X)$.

习题 4.3　随机变量的协方差和相关系数

一、主要知识点回顾

1. 协方差的概念：设 (X,Y) 是一个二维随机变量，若 $E\{[X-E(X)][Y-E(Y)]\}$ 存在，则称其为 X 与 Y 的协方差，记作 $\mathrm{cov}(X,Y)$，即＿＿＿＿＿＿＿＿＿＿＿＿＿＿．

2. 协方差的性质．

(1) $\mathrm{cov}(X,Y)=$＿＿＿＿＿＿＿＿＿＿＿＿（计算方法）；

(2) $\mathrm{cov}(X,Y)=$＿＿＿＿＿＿＿＿＿＿＿＿（对称性）；

(3) 若 a,b 为任意两个常数，则 $\mathrm{cov}(aX,bY)=$＿＿＿＿＿＿＿＿＿＿；

(4) $\mathrm{cov}(X_1+X_2,Y)=$＿＿＿＿＿＿＿＿＿＿．

3. 相关系数的概念：设 (X,Y) 是一个二维随机变量，若 $\mathrm{cov}(X,Y)$ 存在，$D(X),D(Y)$ 均大于零，则称＿＿＿＿＿＿＿＿＿＿＿＿为随机变量 X 与 Y 的相关系数，记作 ρ_{XY}．

二、典型习题强化练习

1. 设二维随机变量 (X,Y) 的联合分布律如下所示，其中 $p+q=1$，求协方差 $\mathrm{cov}(X,Y)$ 和相关系数 ρ_{XY}．

X \ Y	0	1
0	q	0
1	0	p

2. 设二维随机变量(X,Y)的联合概率密度函数为
$$f(x,y)=\begin{cases} x+y, & 0\leqslant x\leqslant 1, 0\leqslant y\leqslant 1, \\ 0, & \text{其他}. \end{cases}$$
求协方差 $\text{cov}(X,Y)$ 和相关系数 ρ_{XY}.

单元测试 4

一、填空题

1. 设随机变量 X 服从参数为 $n=200, p=0.1$ 的二项分布，Y 服从参数 $\lambda=3$ 的泊松分布，且 X 与 Y 相互独立，则 $E(X+Y)=$ ＿＿＿＿＿＿，$D(X-2Y)=$ ＿＿＿＿＿＿．

2. 设随机变量 X, Y 相互独立，且 $X \sim N(4,1)$，$Y \sim N(3,4)$，则 $D(3X-2Y)=$ ＿＿＿＿＿＿，$\operatorname{cov}(X,Y)=$ ＿＿＿＿＿＿．

3. 设随机变量 X 在区间 $[0,6]$ 上服从均匀分布，Y 服从参数为 $\lambda=2$ 的指数分布，且 X 与 Y 相互独立，则 $E(X-2Y+1)=$ ＿＿＿＿＿＿，$D(X-2Y+1)=$ ＿＿＿＿＿＿．

4. 设 X, Y 相互独立，$D(X)=D(Y)=1$，则 $D(3X-4Y)=$ ＿＿＿＿＿＿．

二、解答题

1. 已知连续型随机变量 ξ 的概率密度为
$$f(x)=\begin{cases} kx^{\alpha}, & 0<x<1, \\ 0, & \text{其他}, \end{cases}$$
其中 k, α 均大于 0，$E(\xi)=0.75$，求 k 和 α 的值．

2. 设随机变量 ξ 服从区间 $\left[-\dfrac{1}{2}, \dfrac{1}{2}\right]$ 上的均匀分布，求随机变量 $\eta=\sin \pi\xi$ 的数学期望和方差．

3. 设二维随机变量 (X,Y) 在区域 $D=\{(x,y)\,|\,x\geqslant 0,y\geqslant 0,x+y\leqslant 1\}$ 上服从均匀分布,求 $E(3X-2Y)$ 和 $E(XY)$.

4. 设二维随机变量 (X,Y) 的联合概率密度函数为
$$f(x,y)=\begin{cases} 2A(x+y), & 0\leqslant x\leqslant 1,0\leqslant y\leqslant 1, \\ 0, & \text{其他.} \end{cases}$$
求:(1) 常数 A 的值;
  (2) $E(X)$ 和 $D(X)$.

第 5 章　大数定律及中心极限定理

一、主要知识点回顾

1. 大数定律的定义：设 $X_1, X_2, \cdots, X_n, \cdots$ 是一列随机变量，存在这样的常数列 $a_1, a_2, \cdots$，对任意的正数 ε，有＿＿＿＿＿＿＿＿＿＿或＿＿＿＿＿＿＿＿＿＿＿＿，则称随机变量序列 $\{X_n\}$ 服从大数定律. 特别当 $a_1 = a_2 = \cdots = a$ 时，有＿＿＿＿＿＿＿＿，则称序列 $\{\overline{X}_n\}$ 依概率收敛于 a，记作 $\overline{X}_n \xrightarrow{P} a (n \to \infty)$.

2. 伯努利大数定律：设 Y_n 是 n 次伯努利试验中事件 A 发生的次数，p 是事件 A 在每次试验中发生的概率，则对任意的 $\varepsilon(\varepsilon > 0)$，有＿＿＿＿＿＿＿＿＿＿＿＿.

3. 切比雪夫大数定律：设 $X_1, X_2, \cdots, X_n, \cdots$ 是相互独立的随机变量序列，又设它们的方差有界，即存在常数 $c > 0$，使得 $D(X_i) \leqslant c (i = 1, 2, \cdots)$，则对任意的 $\varepsilon > 0$，有＿＿＿＿＿＿＿＿＿＿＿.

4. 辛钦大数定律：设 $X_1, X_2, \cdots, X_n, \cdots$ 是一独立同分布的随机变量序列，且数学期望 $E(X_i) = \mu (i = 1, 2, \cdots)$，则对任意的 $\varepsilon > 0$，有＿＿＿＿＿＿＿＿＿＿＿＿.

5. 中心极限定理：设 $X_1, X_2, \cdots, X_n, \cdots$ 是相互独立且服从同一分布的随机变量序列，并具有数学期望 $E(X_i) = \mu$ 和方差 $D(X_i) = \sigma^2 > 0 (i = 1, 2, \cdots)$，则对任意实数 x，有＿＿＿＿＿＿＿＿＿＿＿.

6. 拉普拉斯定理：在 n 重伯努利试验中，事件 A 在每次试验中出现的概率为 $p(0 < p < 1)$，Y_n 为 n 次试验中事件 A 出现的次数，则对任意实数 x，有＿＿＿＿＿＿＿＿＿＿＿＿.

二、典型习题强化练习

1. 选择题.

（1）设 $X_1, X_2, \cdots, X_n, \cdots$ 为独立的随机变量序列，且均服从参数为 $\lambda(\lambda > 1)$ 的指数分布，记 $\Phi(x)$ 为标准正态分布函数，则（　　）.

A. $\lim\limits_{n \to \infty} P\left\{\dfrac{\sum\limits_{i=1}^{n} X_i - n\lambda}{\lambda\sqrt{n}} \leqslant x\right\} = \Phi(x)$　　　B. $\lim\limits_{n \to \infty} P\left\{\dfrac{\sum\limits_{i=1}^{n} X_i - n\lambda}{\sqrt{n\lambda}} \leqslant x\right\} = \Phi(x)$

C. $\lim\limits_{n \to \infty} P\left\{\dfrac{\lambda\sum\limits_{i=1}^{n} X_i - n}{\sqrt{n}} \leqslant x\right\} = \Phi(x)$　　　D. $\lim\limits_{n \to \infty} P\left\{\dfrac{\sum\limits_{i=1}^{n} X_i - \lambda}{\sqrt{n\lambda}} \leqslant x\right\} = \Phi(x)$

（2）设随机变量 $X_1, X_1, \cdots, X_n, \cdots$ 相互独立，且均服从参数 $\lambda = \dfrac{1}{2}$ 的指数分布，则当 n 充分大时，随机变量 $Z_n = \dfrac{1}{n}\sum\limits_{i=1}^{n} X_i$ 近似服从（　　）.

A. $N(2,4)$ B. $N\left(2,\dfrac{4}{n}\right)$ C. $N\left(\dfrac{1}{2},\dfrac{1}{4n}\right)$ D. $N(2n,4n)$

2. 填空题.

(1) 设 $X_1,X_2,\cdots,X_n$ 是一列独立同分布的随机变量,且服从参数为 $\lambda=2$ 的指数分布,则当 $n\rightarrow\infty$ 时, $Y_n=\dfrac{1}{n}\sum\limits_{i=1}^{n}X_i^2$ 依概率收敛于_____.

(2) 设随机变量 $X_1,X_2,\cdots,X_n$ 相互独立且都服从区间 $[-1,1]$ 上的均匀分布,则根据中心极限定理有 $\lim\limits_{n\rightarrow\infty}P\left(\sum\limits_{i=1}^{n}X_i\leqslant\sqrt{n}\right)=$_____ [用标准正态分布函数 $\Phi(x)$ 表示].

3. 某公司电话总机有 200 台分机,每台分机有 6% 的时间用于外线通话,假定每台分机是否用于外线通话是相互独立的,试问该总机至少应装多少条外线,才能有 95% 的把握确保各分机需用外线时不必等候?

单元测试 5

1. 一个养鸡场购进 1 万只良种鸡蛋,已知每只鸡蛋孵化成雏鸡的概率为 0.84,每只雏鸡育成种鸡的概率为 0.9,试计算由这些鸡蛋得到的种鸡不少于 7 500 只的概率.

2. 某班为学校主办一次周末晚会,共发出邀请函 150 张,按以往的经验,接到邀请函的人有 80％的可能性会来参加晚会,求前来参加晚会的人数在 110～130 之间的概率.

3.某车间有 100 台车床独立地进行工作,每台车床的开工率为 0.7,每台车床在每个工作日内的耗电量为 1 kW·h.

(1) 求正常工作的车床台数在 65~75 之间的概率;

(2) 试问供电所至少要为该车间提供多少电力才能以 99.7% 的概率保证不因供电不足而影响生产?

4. 一个系统由 100 个独立的元件构成,系统工作期间每个元件的故障率为 10%,至少需要 85 个元件正常工作系统才能正常运行,求:

(1) 系统的可靠性;

(2) 若系统由 n 个元件组成,至少需要 80% 的元件正常工作系统才能正常运行,则 n 至少取多少才能保证系统正常运行的概率不低于 95%?

$$\left[\Phi\left(\frac{5}{3}\right)=0.952, \Phi(1.65)=0.95\right]$$

第6章　样本及抽样分布

一、主要知识点回顾

1. 满足 ＿＿＿＿＿＿ 和 ＿＿＿＿＿＿ 的样本为简单随机样本.

2. 在讨论抽样分布时,需要涉及三个重要的分布:＿＿＿＿＿＿,＿＿＿＿＿＿ 和 ＿＿＿＿＿＿.

3. 设随机变量 X 与 Y 相互独立,且 $X \sim \chi^2(m), Y \sim \chi^2(n)$,则 $X+Y \sim$ ＿＿＿＿＿＿.

4. 若 $F \sim F(m, n)$,则 $1/F \sim$ ＿＿＿＿＿＿.

5. 设 $X_1, X_2, \cdots, X_n$ 为取自正态总体 $N(\mu, \sigma^2)$ 的样本,则

(1) $\bar{X} \sim$ ＿＿＿＿＿＿;　　　　　　(2) $(n-1)S^2/\sigma^2 \sim$ ＿＿＿＿＿＿;

(3) $Z = \sqrt{n}\dfrac{\bar{X}-\mu}{\sigma} \sim$ ＿＿＿＿＿＿;　　(4) $T = \sqrt{n}\dfrac{\bar{X}-\mu}{S} \sim$ ＿＿＿＿＿＿.

二、典型习题强化练习

1. 填空题.

(1) 设随机变量 $X_1, X_2, \cdots, X_n$ 相互独立,且都服从 $\chi^2(1)$,则 $\displaystyle\sum_{i=1}^{n} X_i \sim$ ＿＿＿＿＿＿.

(2) 设随机变量 $X_1, X_2, \cdots, X_n$ 相互独立,且都服从 $N(0,1)$,则 $\displaystyle\sum_{i=1}^{n} X_i^2 \sim$ ＿＿＿＿＿＿.

(3) 设随机变量 $X \sim t(n)$,则 $X^2 \sim$ ＿＿＿＿＿＿.

2. 设总体 X 服从参数为 λ 的泊松分布,其中 λ 未知,$(X_1, X_2, \cdots, X_n)$ 为取自 X 的一个样本,则

(1) $X_1 + X_2, \max\{X_1, X_2, \cdots, X_n\}, X_n + 3\lambda, (X_n - X_1)^2$ 中哪些是统计量? 哪些不是统计量?

(2) 当样本容量 $n=5$,且 $(0,1,0,1,1)$ 为样本的一个样本观察值时,试计算样本均值和样本方差.

3. 在总体 $N(7.6,4)$ 中抽取容量为 n 的样本,若要求样本均值落在区间 $(5.6,9.6)$ 内的概率不小于 0.95,则 n 至少为多少?

4. 设总体 X 服从正态分布 $N(\mu,\sigma^2)$,从中抽取一个容量为 25 的样本 $(X_1,X_2,\cdots,X_{25})$,试求 $P\left(10.52\sigma^2 < \sum_{i=1}^{25}(X_i-\mu)^2 < 18.94\sigma^2\right)$.

单元测试 6

1. 选择题.

(1) 设 $(X_1, X_2, \cdots, X_{16})$ 是来自正态总体 $N(2, \sigma^2)$ 的样本, $\overline{X}$ 是样本均值, 则 $\dfrac{4\overline{X}-8}{\sigma} \sim$
(   ).

A. $t(15)$ B. $t(16)$ C. $\chi^2(15)$ D. $N(0,1)$

(2) 设总体 $X \sim N(\mu, \sigma^2)$, $(X_1, X_2, \cdots, X_n)$ 是 X 的样本, $\overline{X}, S^2$ 分别为样本均值和样本方差, 则下列选项不正确的是(   ).

A. $\dfrac{\sum\limits_{i=1}^{n}(X_i - \overline{X})^2}{\sigma^2} \sim \chi^2(n-1)$ B. $\dfrac{\overline{X}-\mu}{\sigma} \sim N(0,1)$

C. $\dfrac{\overline{X}-\mu}{S/\sqrt{n}} \sim t(n-1)$ D. $\dfrac{\sum\limits_{i=1}^{n}(X_i - \mu)^2}{\sigma^2} \sim \chi^2(n)$

(3) 设总体 X 与 Y 都服从正态分布 $N(0, \sigma^2)$, 已知 $(X_1, \cdots, X_m)$ 与 $(Y_1, \cdots, Y_n)$ 是分别来自总体 X 与 Y 的两个相互独立的简单随机样本, 统计量 $Y = \dfrac{2(X_1 + \cdots + X_m)}{\sqrt{Y_1^2 + \cdots + Y_n^2}}$ 服从 $t(n)$, 则 $\dfrac{m}{n} = ($ $)$.

A. 1   B. $\dfrac{1}{2}$ C. $\dfrac{1}{3}$ D. $\dfrac{1}{4}$

2. 填空题.

(1) 设来自总体 X 的一个样本观察值为 $(2.1, 5.4, 3.2, 9.8, 3.5)$, 则样本均值为_____, 样本方差为_____.

(2) 设随机变量 $X_1, X_2, \cdots, X_n$ 相互独立, $X_i \sim N(\mu_i, \sigma_i^2)$, $i = 1, 2, \cdots, n$, 则 $\sum\limits_{i=1}^{n}\left(\dfrac{X_i - \mu_i}{\sigma_i}\right)^2 \sim$ _____.

3. 设 $(X_1, X_2, \cdots, X_n)$ 为取自总体 X 的样本,试写出当 X 服从下列分布时样本的概率分布或概率密度.

(1) X 服从 $0-1$ 分布,即 $P(X=1)=p$,$P(X=0)=1-p$;

(2) X 服从参数为 λ 的指数分布.

4.某大型罐头厂出口的鲜蘑菇罐头的净质量服从正态分布 $N(\mu,\sigma^2)$,其中 $\mu=184$, $\sigma=2.5$,从中随机抽取 25 个罐头.

(1) 试求样本均值 $\overline{X}$ 超过 184.5 的概率;

(2) 若要以 0.971 3 的概率保证 $\overline{X}$ 不低于某一额定质量 b,试求 b 的值.
$[\Phi(1)=0.841\ 3,\Phi(1.9)=0.971\ 3]$

5. 在天平上重复称量一个质量为 a(未知)的物品,假设 n 次称量结果是相互独立的,且每次称量结果均服从 $N(a,0.2^2)$,用 $\overline{X}_n$ 表示 n 次称量结果的算术平均值.为使 $\overline{X}_n$ 与 a 的差的绝对值小于 0.1 的概率不小于 95%,问至少应进行多少次称量?[$\Phi(1.96)=0.975$]

第 7 章　参数估计

习题 7.1　参数点估计的几种方法

一、主要知识点回顾

1. 矩法估计：用＿＿＿＿＿＿＿＿去替代＿＿＿＿＿＿＿＿的方法来获得未知参数的估计的方法即为矩法估计.

2. 矩法估计的一般步骤.

假设总体 X 的分布函数为 $F(x;\theta_1,\theta_2,\cdots,\theta_k)$，其中 $\theta_1,\theta_2,\cdots,\theta_k$ 是未知参数，$(X_1,X_2,\cdots,X_n)$ 为样本.

（1）假定总体 X 的 j 阶原点矩 $\mu_j=E(X^j)$（$0<j\leqslant k$）存在，令 $\mu_j=A_j$（$j=1,2,\cdots,k$）为总体的 j 阶原点矩，样本的 j 阶原点矩 $A_j=$＿＿＿＿＿＿＿＿＿＿＿＿＿＿.这是一个包含 k 个未知参数 $\theta_1,\theta_2,\cdots,\theta_k$ 的方程组，解出其中的 $\theta_1,\theta_2,\cdots,\theta_k$.

（2）用方程组的解 $\hat{\theta}_1,\hat{\theta}_2,\cdots,\hat{\theta}_k$ 分别作为 $\theta_1,\theta_2,\cdots,\theta_k$ 的矩法估计量，矩法估计量的观察值称为＿＿＿＿＿＿＿＿＿＿＿＿.

3. 最大似然法估计的一般步骤.

设总体 X 具有概率分布 $P(X=x)=p(x;\theta)$ 或具有概率密度 $f(x;\theta)$，其中 θ 是未知参数，$(X_1,X_2,\cdots,X_n)$ 为取自总体 X 的样本.

（1）写出似然函数 $L(\theta)=$＿＿＿＿＿＿＿＿＿＿＿＿＿＿＿＿或 $L(\theta)=$＿＿＿＿＿＿＿＿＿＿.

（2）取对数 $\ln L(\theta)=$＿＿＿＿＿＿＿＿＿＿＿＿＿＿＿＿或 $\ln L(\theta)=$＿＿＿＿＿＿＿＿＿＿.

（3）对 $\ln L(\theta)$ 求导 $\dfrac{\mathrm{d}\ln L(\theta)}{\mathrm{d}\theta}$ 并令＿＿＿＿＿＿＿＿＿，解方程即得未知参数 θ 的最大似然法估计值.将 $(x_1,x_2,\cdots,x_n)$ 换为 $(X_1,X_2,\cdots,X_n)$ 即得 θ 的最大似然法估计量.

二、典型习题强化练习

1. 设总体 X 服从参数为 λ 的泊松分布,其分布律为 $P(X=x)=\dfrac{\lambda^x}{x!}e^{-\lambda}$,$x=0,1,2,\cdots$,其中 $\lambda>0$ 为未知参数,样本 $(X_1,X_2,\cdots,X_n)$ 来自总体 X,求 λ 的矩法估计量与最大似然法估计量.

2. 设总体 X 的概率密度函数为 $f(x)=\begin{cases}\alpha x^{\alpha-1}, & 0<x<1,\\ 0, & \text{其他},\end{cases}$ 其中 $\alpha>0$ 是未知参数,求参数 α 的矩法估计量与最大似然法估计量.

习题 7.2   点估计的评价标准

一、主要知识点回顾

1. 无偏性:设 $\hat{\theta} = \hat{\theta}(X_1, X_2, \cdots, X_n)$ 为未知参数 θ 的估计量,若_____,则称 $\hat{\theta}$ 为 θ 的无偏估计量,否则称为有偏估计.

2. 有效性:设 $\hat{\theta}_1$ 和 $\hat{\theta}_2$ 是 θ 的两个无偏估计量,若_____,则称 $\hat{\theta}_1$ 较 $\hat{\theta}_2$ 有效.

3. 一致性:设 $\hat{\theta}_n = \hat{\theta}_n(X_1, X_2, \cdots, X_n)$ 为未知参数 θ 的估计量,n 为样本容量,若 $\forall \varepsilon > 0$,有_____,则称 $\hat{\theta}_n$ 为 θ 的一致估计量.

二、典型习题强化练习

1. 选择题.

(1) 设 (X_1, X_2) 是来自总体 X 的一个简单随机样本,则 $E(X)$ 最有效的无偏估计是(   ).

A. $\hat{\mu}_1 = \dfrac{1}{4}X_1 + \dfrac{3}{4}X_2$ B. $\hat{\mu}_2 = \dfrac{1}{3}X_1 + \dfrac{2}{3}X_2$

C. $\hat{\mu}_3 = \dfrac{1}{2}X_1 + \dfrac{1}{2}X_2$ D. $\hat{\mu}_4 = \dfrac{1}{5}X_1 + \dfrac{4}{5}X_2$

(2) 设 $(X_1, X_2, \cdots, X_n)$ 是取自总体 $N(0, \sigma^2)$ 的样本,则可以作为 σ^2 的无偏估计量的是(   ).

A. $\dfrac{1}{n}\sum\limits_{i=1}^{n} X_i^2$ B. $\dfrac{1}{n-1}\sum\limits_{i=1}^{n} X_i^2$ C. $\dfrac{1}{n}\sum\limits_{i=1}^{n} X_i$ D. $\dfrac{1}{n-1}\sum\limits_{i=1}^{n} X_i$

(3) 设 $(X_1, X_2, \cdots, X_n)$ 为来自总体 X 的一个简单随机样本,$E(X) = \mu$,则下列结论中正确的是(   ).

A. X_1 是 μ 的无偏估计量   B. X_1 是 μ 的最大似然法估计量

C. X_1 是 μ 的相合(一致)估计量   D. X_1 不是 μ 的估计量

2. 设总体 X 服从区间 $[\theta, 2\theta]$ 上的均匀分布,$(X_1, X_2, \cdots, X_n)$ 为取自总体的简单随机样本,证明:θ 的矩法估计量 $\hat{\theta} = \dfrac{2}{3}\overline{X}$ 为 θ 的无偏估计.

习题 7.3　区间估计

一、主要知识点回顾

1. 区间估计：设 θ 为总体 X 的一个参数，$(X_1, X_2, \cdots, X_n)$ 是取自总体 X 的样本，$\alpha(0 < \alpha < 1)$ 为某一实数，若存在两个统计量 $\hat{\theta}_L(X_1, X_2, \cdots, X_n)$，$\hat{\theta}_U(X_1, X_2, \cdots, X_n)$，对任意的常数 α 都有 ＿＿＿＿＿＿＿＿＿＿＿＿＿＿，则称随机区间 $(\hat{\theta}_L, \hat{\theta}_U)$ 为 θ 的置信水平为 ＿＿＿＿＿＿＿＿＿ 的置信区间，用一个区间来估计未知参数就叫作区间估计．

2. 单个正态总体参数的区间估计．

(1) σ 已知时，枢轴量 ＿＿＿＿＿＿＿＿＿＿＿＿＿＿，μ 的置信水平为 $1-\alpha$ 的置信区间是 ＿＿＿＿＿
＿＿＿＿＿＿＿＿＿＿＿＿＿＿＿＿＿；

(2) σ 未知时，枢轴量 ＿＿＿＿＿＿＿＿＿＿＿＿＿＿，μ 的置信水平为 $1-\alpha$ 的置信区间是 ＿＿＿＿＿
＿＿＿＿＿＿＿＿＿＿＿＿＿＿＿＿；

(3) μ 未知时，枢轴量 ＿＿＿＿＿＿＿＿＿＿＿＿＿，σ^2 的置信水平为 $1-\alpha$ 的置信区间是 ＿＿＿＿
＿＿＿＿＿＿＿＿＿＿＿＿＿＿＿＿＿．

二、典型习题强化练习

1. 选择题．

(1) 设总体 $X \sim N(\mu, \sigma^2)$，σ^2 未知，总体均值 μ 的置信度 $1-\alpha$ 的置信区间的长度为 l，那么 l 与 α 的关系为（　　）．

　A. α 增大，l 减小　　　　　　　　　　B. α 增大，l 增大

　C. α 增大，l 不变　　　　　　　　　　D. α 与 l 的关系不确定

(2) 设总体 $X \sim N(\mu, \sigma^2)$，且 σ^2 已知，现在以置信度 $1-\alpha$ 估计总体均值 μ，下列做法中一定能使估计更精确的是（　　）．

　A. 提高置信度 $1-\alpha$，增加样本容量　　　B. 提高置信度 $1-\alpha$，减少样本容量

　C. 降低置信度 $1-\alpha$，增加样本容量　　　D. 降低置信度 $1-\alpha$，减少样本容量

2. 已知某炼铁厂的铁水含碳量在正常情况下服从正态分布，其方差 $\sigma^2 = 0.108^2$，现测定 9 炉铁水，其平均含碳量为 4.484，按此资料计算该厂铁水平均含碳量的置信水平为 95% 的置信区间．

3. 已知某次数学竞赛中学生的成绩 X 服从正态分布 $N(\mu,\sigma^2)$, 从竞赛的学生中随机抽取 10 名学生, 其数学竞赛的成绩如下:

$$56 \quad 73 \quad 61 \quad 80 \quad 76 \quad 91 \quad 75 \quad 63 \quad 61 \quad 64$$

试求 σ^2 的置信水平为 0.95 的置信区间.

第8章　假设检验

一、主要知识点回顾

1. 统计假设：出于某种需要，对未知的或不完全明确的总体给出某些假设，用以说明总体可能具备的某种性质，这种假设称为统计假设．

2. 假设检验：根据样本提供的信息对提出的假设作出接受或拒绝的决策，这一过程称为假设检验．假设检验主要有参数假设检验和分布假设检验．

3. 假设检验中的两类错误．

（1）第一类错误：当原假设 H_0 为真时，却作出拒绝 H_0 的判断，通常称之为＿＿＿＿＿＿＿＿＿＿＿＿＿＿＿＿＿＿＿＿＿＿＿．

（2）第二类错误：当原假设 H_0 不成立时，却作出接受 H_0 的决定，通常称之为＿＿＿＿＿＿＿＿＿＿＿＿＿＿＿＿＿＿＿＿＿．

4. 单个正态总体下未知参数的双侧假设检验．

设 $(X_1, X_2, \cdots, X_n)$ 是总体 X 的一个样本，$X \sim N(\mu, \sigma^2)$，记 $\overline{X} = \dfrac{1}{n} \sum_{i=1}^{n} X_i$，$S^2 = \dfrac{1}{n-1} \sum_{i=1}^{n} (X_i - \overline{X})^2$．

（1）σ^2 已知时 μ 的检验：原假设＿＿＿＿＿＿＿＿，备择假设＿＿＿＿＿＿＿＿，检验统计量＿＿＿＿＿＿＿＿＿＿＿＿＿＿，拒绝域＿＿＿＿＿＿＿＿＿＿＿＿＿＿＿＿＿．

（2）σ^2 未知时 μ 的检验：原假设＿＿＿＿＿＿＿＿，备择假设＿＿＿＿＿＿＿＿，检验统计量＿＿＿＿＿＿＿＿＿＿＿＿＿＿，拒绝域＿＿＿＿＿＿＿＿＿＿＿＿＿＿＿＿＿．

（3）μ 未知时 σ^2 的检验：原假设＿＿＿＿＿＿＿＿，备择假设＿＿＿＿＿＿＿＿，检验统计量＿＿＿＿＿＿＿＿＿＿＿＿＿＿，拒绝域＿＿＿＿＿＿＿＿＿＿＿＿＿＿＿＿＿．

5. 单个正态总体下未知参数的单侧假设检验．

设 $(X_1, X_2, \cdots, X_n)$ 是总体 X 的一个样本，$X \sim N(\mu, \sigma^2)$，记 $\overline{X} = \dfrac{1}{n} \sum_{i=1}^{n} X_i$，$S^2 = \dfrac{1}{n-1} \sum_{i=1}^{n} (X_i - \overline{X})^2$．

（1）σ^2 已知时 μ 的检验：原假设＿＿＿＿＿＿＿（或＿＿＿＿＿＿＿＿），备择假设＿＿＿＿＿＿＿（或＿＿＿＿＿＿＿），检验统计量＿＿＿＿＿＿＿＿＿＿＿＿＿，拒绝域＿＿＿＿＿＿＿＿＿＿＿＿＿＿＿（或＿＿＿＿＿＿＿＿＿＿＿＿）．

（2）σ^2 未知时 μ 的检验：原假设＿＿＿＿＿＿＿（或＿＿＿＿＿＿＿＿），备择假设＿＿＿＿＿＿＿（或＿＿＿＿＿＿＿），检验统计量＿＿＿＿＿＿＿＿＿＿＿＿＿，拒绝域＿＿＿＿＿＿＿＿＿＿＿＿＿＿＿（或＿＿＿＿＿＿＿＿＿＿＿＿）．

（3）μ 未知时 σ^2 的检验：原假设＿＿＿＿＿＿＿（或＿＿＿＿＿），备择假设＿＿＿＿＿＿＿＿（或＿＿＿＿＿），检验统计量＿＿＿＿＿＿＿＿＿＿＿，拒绝域＿＿＿＿＿＿＿＿＿＿＿（或＿＿＿＿＿＿＿＿）.

二、典型习题强化练习

1. 总体 $X \sim N(\mu, \sigma^2)$，对数学期望 μ 进行假设检验，如果在显著性水平 $\alpha = 0.05$ 下接受了 $H_0 : \mu = \mu_0$（μ_0 为已知常数），那么在显著性水平 $\alpha = 0.01$ 下（　　）.

A. 必接受 H_0.

B. 必拒绝 H_0.

C. 既可能接受也可能拒绝 H_0.

D. 既不接受也不拒绝 H_0.

2. 已知在正常生产情况下，某种汽车零件的质量 X 服从正态分布 $N(54, 0.75^2)$，从某日生产的零件中抽出 10 件，测得零件的质量（单位：g）如下：

54.0　55.1　53.8　54.2　52.1　54.2　55.0　55.8　55.1　55.3

若标准差不变，则该日生产的零件的平均质量与正常生产时是否有显著差异？（$\alpha = 0.05$）

3. 某种导线的电阻 $X \sim N(\mu, \sigma^2)$，且 $\sigma^2 = 0.005^2$，在生产的一批导线中取 9 根样品，测得 $S = 0.007$，问在显著性水平 $\alpha = 0.05$ 下能否认为这批导线的方差仍为 0.005^2？

单元测试 7

1. 设总体 X 服从几何分布,分布律为 $P(X=k)=(1-p)^{k-1}p,k=1,2,\cdots$,其中 p 是未知参数,$(X_1,X_2,\cdots,X_n)$ 是取自总体 X 的一个样本,求 p 的矩法估计量和最大似然法估计量.

2. 设总体 X 的概率密度为 $f(x,\lambda)=\begin{cases}\lambda x\mathrm{e}^{-\frac{\lambda}{2}x^2}, & x>0,\\ 0, & \text{其他},\end{cases}\lambda>0$ 是未知参数,$(X_1,X_2,\cdots,X_n)$ 是来自总体 X 的一个样本,求 λ 的最大似然法估计量.

3. 设 $(X_1,X_2,\cdots,X_n)$ 为取自总体 X 的样本,$E(X)=\mu,D(X)=\sigma^2$.证明:

(1) 若 $\sum_{i=1}^{n}\alpha_i=1$,则 $\hat{\mu}=\sum_{i=1}^{n}\alpha_i X_i$ 是 μ 的无偏估计量;

(2) 样本方差 S^2 是总体方差 σ^2 的无偏估计量.

4. 随机地从一批钉子中抽取 16 枚,测得其长度如下(单位:cm):

$$2.14 \quad 2.10 \quad 2.13 \quad 2.15 \quad 2.13 \quad 2.12 \quad 2.13 \quad 2.10$$
$$2.15 \quad 2.12 \quad 2.14 \quad 2.10 \quad 2.13 \quad 2.11 \quad 2.14 \quad 2.11$$

假设钉长服从正态分布,试求钉长均值 μ 的置信水平为 0.90 的置信区间.

5. 已知矿砂的标准镍含量为 3.25(%),某批矿砂的 5 个样品中的镍含量经测定如下:

$$3.25 \quad 3.27 \quad 3.24 \quad 3.26 \quad 3.24$$

设测定值 X 服从正态分布,问在显著性水平 $\alpha=0.01$ 下能否接受这批矿砂?

模拟试卷 1

一、选择题（本大题分 5 小题，每小题 3 分，共 15 分）

1. 设 A,B 是两个相互对立的事件，且 $P(A)>0,P(B)>0$,则下列结论正确的是（　　）.

A. $P(AB)>0$ 　　　　　　　　　B. $P(AB)=P(A)$

C. $P(AB)=0$ 　　　　　　　　　D. $P(AB)=P(A)P(B)$

2. 连续性随机变量 X 的概率密度函数 $f(x)$ 必满足的条件是（　　）.

A. $0\leqslant f(x)\leqslant 1$ 　　　　　　　B. 在定义域内单调不减

C. $\int_{-\infty}^{+\infty}f(x)\mathrm{d}x=1$ 　　　　　D. $\lim\limits_{x\to+\infty}f(x)=1$

3. 在三次伯努利试验中，三次试验都成功的概率为 $\dfrac{27}{64}$,则每次试验成功的概率为（　　）.

A. $\dfrac{3}{4}$ 　　　B. $\dfrac{1}{3}$ 　　　C. $\dfrac{1}{4}$ 　　　D. $\dfrac{2}{3}$

4. 设总体 $X\sim N(\mu,\sigma^2)$,其中 μ 已知,σ^2 未知,$(X_1,X_2,\cdots,X_n)$ 是来自该总体的样本,则下列表达式不是统计量的是（　　）.

A. $\dfrac{1}{n}\sum\limits_{i=1}^{n}X_i$ 　　B. $\min\limits_{1\leqslant i\leqslant n}\{X_i\}$ 　　C. $\dfrac{1}{\sigma^2}\sum\limits_{i=1}^{n}(X_i-\mu)^2$ 　　D. $(X_n-X_1)^2$

5. 设 $(X_1,X_2,\cdots,X_n)$ 是来自总体 $N(\mu,\sigma^2)$ 的样本,令 $Y=\dfrac{1}{\sigma^2}\sum\limits_{i=1}^{n}(X_i-\mu)^2$,则 $Y\sim$（　　）.

A. $\chi^2(n)$ 　　B. $\chi^2(n-1)$ 　　C. $F(n,1)$ 　　D. $F(1,n)$

二、填空题(请在每小题的空格中填上正确答案,错填、不填均不得分,每空 3 分,共 21 分)

1. 已知 $P(A)=0.8,P(A-B)=0.5$,且 A 与 B 相互独立,则 $P(A\bigcup B)=$＿＿＿＿＿＿,$P(B)=$＿＿＿＿＿＿.

2. 已知二维随机向量 (X,Y) 的联合概率密度函数为

$$f(x)=\begin{cases}\dfrac{3}{2}x, & 0\leqslant x\leqslant 1,\\ 0, & \text{其他},\end{cases}$$

则 $E(X)=$＿＿＿＿＿＿.

3. 设随机变量 X 服从参数 $\lambda=2$ 的泊松分布,Y 服从参数为 $n=100,p=0.2$ 的二项分布,且 X 与 Y 相互独立,则 $E(2X+Y)=$＿＿＿＿＿＿,$D(2X-Y)=$＿＿＿＿＿＿.

4. 设 (X_1,X_2,X_3,X_4) 为来自总体 X 的一个简单随机样本,$\hat\mu=\dfrac{1}{3}X_1+\dfrac{1}{6}X_2+\dfrac{1}{5}X_3+$

cX_4,则 $c=$ _____ 时,$\hat{\mu}$ 是 $E(X)$ 的无偏估计量.

5.设随机变量 X 的方差为 σ^2,则由切比雪夫不等式有 $P(|X-E(X)|\leqslant 2\sigma)>$

_____.

三、解答题(共 64 分)

1.(12 分)市场上某种产品分别由甲、乙、丙三个工厂生产,其产量结构为 $2:4:5$,已知三个工厂的次品率分别为 $4\%,5\%$ 和 3%,求:

(1) 市场上该种产品的次品率;

(2) 若从该市场上任取一件这种产品发现是次品,则该次品最可能是哪个工厂生产的?

2.(12 分)设 $X\sim N(10,0.2^2)$,试求:

(1) $P(X<9.4)$;

(2) $P(9.5<X<10.5)$;

(3) $P(|X-10|<0.1)$;

(4) 确定 c,使 $P(X<c)=P(X>c)$.

$[\Phi(0.5)=0.691\,5,\Phi(2.5)=0.993\,8,\Phi(3)=0.998\,7]$

3.(14 分)设随机变量 X 的概率密度为

$$f(x,y)=\begin{cases} kx^2+\dfrac{1}{3}xy, & 0\leqslant x\leqslant 1, 0\leqslant y\leqslant 2, \\ 0, & 其他. \end{cases}$$

求：(1) 常数 k 的值；

(2) X,Y 的边缘概率密度 $f_X(x)$，$f_Y(y)$；

(3) $P(X+Y>1)$，$P(Y>X)$，$P\left(Y<\dfrac{1}{2},X<\dfrac{1}{2}\right)$.

4.(16 分)设(X,Y)的联合分布律为

Y\X	-1	1	2
-1	1/10	1/5	3/10
2	1/5	1/10	1/10

求：(1) $Z=X+Y$ 的分布律；

(2) $Z=XY$ 的分布律；

(3) $Z=\dfrac{X}{Y}$的分布律；

(4) $Z=\max\{X,Y\}$的分布律.

5. (10 分)设总体 X 服从 $0-1$ 分布，$P(X=x)=p^x(1-p)^{1-x}$，$x=0,1$，如果样本观测值为 $(x_1, x_2, \cdots, x_n)$，求：

（1）参数 p 的矩法估计量；

（2）参数 p 的最大似然法估计量.

模拟试卷 2

一、选择题（本大题分 5 小题，每小题 3 分，共 15 分）

1. 甲、乙两人进行射击，A，B 分别表示甲、乙射中目标，则 $\overline{A} \cup \overline{B}$ 表示（　　）.

　A. 两人都没射中　　　　　　　　　B. 两人都射中

　C. 两人没有都射中　　　　　　　　D. 至少有一人射中

2. 已知随机变量 X 的概率密度为 $f_X(x)$，令 $Y = -2X$，则 Y 的概率密度 $f_Y(y)$ 为（　　）.

　A. $2f_X(-2y)$　　　B. $f_X\left(-\dfrac{y}{2}\right)$　　　C. $-\dfrac{1}{2}f_X\left(-\dfrac{y}{2}\right)$　　　D. $\dfrac{1}{2}f_X\left(-\dfrac{y}{2}\right)$

3. 设 $X \sim N(1,3)$，则下列随机变量服从 $N(0,1)$ 的是（　　）.

　A. $\dfrac{X-1}{\sqrt{3}}$　　　　　B. $\dfrac{X-1}{3}$　　　　　C. $\dfrac{X}{\sqrt{3}}$　　　　　D. $\dfrac{X}{3}$

4. 设随机变量 ξ 满足等式 $P\{|\xi - E(\xi)| \geqslant 2\} = \dfrac{1}{16}$，则（　　）.

　A. $D(\xi) = \dfrac{1}{4}$　　　　　　　　　B. $D(\xi) > \dfrac{1}{4}$

　C. $D(\xi) < \dfrac{1}{4}$　　　　　　　　　D. $P\{|\xi - E(\xi)| < 2\} = \dfrac{15}{16}$

5. 设 $(X_1, X_2, \cdots, X_n)$ 是总体 $N(\mu, \sigma^2)$ 的样本，μ 已知，σ^2 未知，则以下选项中是统计量的是（　　）.

　A. $\sum\limits_{i=1}^{n} \dfrac{(X_i - \overline{X})^2}{\mu}$　　　　　　　　B. $\sum\limits_{i=1}^{n} \dfrac{(X_i - \overline{X})^2}{\sigma^2}$

　C. $\sum\limits_{i=1}^{n} \dfrac{X_i^2}{\sigma^2}$　　　　　　　　　　D. $\sum\limits_{i=1}^{n} \dfrac{(X_i - \mu)^2}{\sigma^2}$

二、填空题(请在每小题的空格中填上正确答案,错填、不填均不得分,每空 3 分,共 21 分)

1. 设 $P(A) = 0.3$，$P(AB) = 0.15$，且 A 与 B 相互独立，则 $P(A \cup B) = $ ＿＿＿＿＿

＿＿＿＿＿＿＿．

2. 已知连续型随机变量 X 的分布函数为 $F(x) = \begin{cases} 0, & x < 0, \\ x^2, & 0 \leqslant x < 1, \\ 1, & x > 1, \end{cases}$ 则 $P\left(X > \dfrac{2}{3}\right) = $

＿＿＿＿＿＿＿．

3. 设 $E(X)$，$D(X)$ 存在，且 $D(X) \neq 0$，$Y = \dfrac{X - E(X)}{\sqrt{D(X)}}$，则 $E(Y) = $ ＿＿＿＿＿＿＿，

$D(Y) =$ _____.

4. 已知 $X \sim B(5, 0.2)$，则 $E(X^2 + X + 1) =$ _____.

5. 设 (X_1, X_2, X_3, X_4) 是来自正态总体 $N(0, 2^2)$ 的简单随机样本，$X = a(X_1 - 2X_2)^2 + b(3X_3 - 4X_4)^2$，则当 $a =$ _____，$b =$ _____ 时，统计量 X 服从 χ^2 分布.

三、解答题(共 64 分)

1. (10 分)设有来自 1, 2, 3 三个地区的各 10 名、15 名和 25 名考生的报名表，其中女生的报名表分别为 3 份、7 份和 5 份.随机抽取一个地区的报名表，从中抽出一份报名表.

(1) 求抽到的是女生的报名表的概率；

(2) 已知抽到的是一份女生的报名表，求这名女生来自地区 1 的概率.

2. (12 分)设二维随机变量 (X, Y) 的联合分布律为

X＼Y	-1	1	2
-1	0.1	0.2	0.3
2	0.2	0.1	0.1

求：(1) 关于 X 和 Y 的边缘分布律；

(2) $Z = \min\{X, Y\}$ 的分布律；

(3) $X = -1$ 的条件下 Y 的分布律.

3. (12 分)设 $X \sim N(0,9)$,求:

(1) $P(0 < X < 3)$;

(2) $P(X > 6)$;

(3) $P(|X| < 4.5)$;

(4) 确定 c,使 $P(X < c) = P(X > c)$.

$[\Phi(0) = 0.5, \Phi(1) = 0.841\ 3, \Phi(1.5) = 0.933\ 2, \Phi(2) = 0.977\ 3]$

4. (14 分)设二维随机变量 (X,Y) 的联合概率密度为

$$f(x,y) = \begin{cases} c\mathrm{e}^{-(2x+y)}, & x>0, y>0, \\ 0, & \text{其他.} \end{cases}$$

求:(1) 常数 c 的值;

(2) 分别关于 X,Y 的边缘概率密度 $f_X(x), f_Y(y)$,并判断 X,Y 是否相互独立;

(3) 条件概率密度函数 $f_{X|Y}(x|y)$;

(4) $P(X < 2, Y < 1)$.

5. (10分)设总体 X 的概率密度为

$$f(x) = \begin{cases} \sqrt{\theta}\, x^{\sqrt{\theta}-1}, & 0 \leqslant x \leqslant 1, \\ 0, & \text{其他}, \end{cases}$$

其中 $\theta > 0$ 为未知参数,$(x_1, x_2, \cdots, x_n)$ 是来自总体 X 的一个样本 $(X_1, X_2, \cdots, X_n)$ 的一组观测值. 求:

(1) 参数 θ 的矩法估计量;

(2) 参数 θ 的最大似然法估计量.

6. (6分)某切割机在正常工作时切割的每段金属棒的长度服从正态分布,且其平均长度为 10.5 cm,标准差为 0.15 cm. 从一批产品中随机抽取 16 段进行测量,计算出其平均长度 $\bar{X} = 10.48$ cm. 如果方差不变,那么切割机是否正常工作?($\alpha = 0.05, \mu_{0.05} = 1.65, \mu_{0.025} = 1.96$)

模拟试卷 3

一、选择题(本大题分 **5** 小题，每小题 **3** 分，共 **15** 分)

1. 抛掷一枚均匀的硬币，反复掷 4 次，则恰有 3 次出现正面的概率是(   ).

A. $\dfrac{1}{16}$ 　　　　　 B. $\dfrac{1}{8}$ 　　　　　 C. $\dfrac{1}{10}$ 　　　　　 D. $\dfrac{1}{4}$

2. 设离散型随机变量 X 的分布列为 $P(X=n)=c, n=1,2,3$，则 $E(X)=($).

A. $6c$ 　　　　　 B. 2 　　　　　 C. $10c$ 　　　　　 D. 2.5

3. 若随机变量 X 的概率密度为 $f_X(x)$，令 $Y=3-2X$，则 Y 的概率密度 $f_Y(y)$ 为(   ).

A. $2f_X(3-2x)$ 　　　　　　　　 B. $2f_X\left(\dfrac{3-y}{2}\right)$

C. $-\dfrac{1}{2}f_X(3-2y)$ 　　　　　　 D. $\dfrac{1}{2}f_X\left(\dfrac{3-y}{2}\right)$

4. 设总体 X 服从正态分布 $N(\mu,\sigma^2)$，其中 μ 已知，σ^2 未知，$(X_1,\cdots,X_n)$ 为取自总体 X 的简单随机样本，则下列选项不能作为统计量的是(   ).

A. $\dfrac{\overline{X}-\mu}{\sigma}$ 　　　 B. $\max_{1\leqslant i\leqslant n}\{X_i\}$ 　　　 C. $\overline{X}$ 　　　 D. $\dfrac{1}{n}\sum_{i=1}^{n}(X_i-\mu)^2$

5. 设 A,B 是两个随机事件，且 $0<P(A)<1, 0<P(B)<1$，若 $P(B\mid A)=P(B\mid \overline{A})$，则必有(   ).

A. $P(A\mid B)=P(\overline{A}\mid B)$ 　　　　　 B. $P(A\mid B)\neq P(\overline{A}\mid B)$

C. $P(AB)=P(A)P(B)$ 　　　　　　 D. $P(AB)\neq P(A)P(B)$

二、填空题(请在每小题的空格中填上正确答案，错填、不填均不得分，每空 **3** 分，共 **21** 分)

1. 已知 A,B,C 为三个随机事件，则 A 和 B 两个事件中至少有一个发生而 C 事件不发生的随机事件可表示为＿＿＿＿＿＿＿＿＿＿＿＿＿.

2. 设 A,B 是两个相互独立的随机事件，且 $P(A)=0.8$，$P(A-B)=0.5$，则 $P(B)=$ ＿＿＿＿＿＿＿＿.

3. 设随机变量 ξ 在区间 $[0,5]$ 上服从均匀分布，则关于 x 的方程 $x^2+2\xi x+4\xi-3=0$ 有实根的概率为＿＿＿＿＿＿.

4. 设 X 服从泊松分布，且 $P(X=0)=P(X=1)$，则 $P(X=2)=$ ＿＿＿＿＿＿.

5. 设连续型随机变量 X 的概率密度函数为 $f(x)=\begin{cases}Ax^2, & 0\leqslant x\leqslant 1,\\ 0, & \text{其他},\end{cases}$ 则 $A=$ ＿＿＿＿＿＿.

6. 设随机样本 $(X_1, X_2, \cdots, X_n)$ 来自总体 $N(0, \sigma^2)$，且随机变量 $Y = C\left(\sum_{i=1}^{n} X_i\right)^2 \sim \chi^2(1)$，则常数 $C = $ _____.

7. 设 $(X_1, \cdots, X_n)$ 为正态总体 $N(\mu, \sigma^2)$ 的一个样本，σ^2 已知，$\bar{X}, S^2$ 分别为样本均值和样本方差，则 μ 的置信度为 $1 - \alpha$ 的置信区间为 _____.

三、解答题(共 64 分)

1. (12 分)有两个口袋，甲袋中装有 2 个红球和 1 个黑球，乙袋中装有 1 个红球和 2 个黑球. 先从甲袋任取一球放入乙袋，再从乙袋中取出一球.

（1）求这个球是红球的概率；

（2）若从乙袋中取出的是红球，求刚开始从甲袋中取出的也是红球的概率.

2. (12 分)设随机变量 X 的概率分布为

X	-1	0	1	3
P	$\dfrac{1}{8}$	$\dfrac{1}{4}$	α	$\dfrac{3}{8}$

求：（1）常数 α；

（2）$Y = X^2 - 1$ 的概率分布；

（3）$E(X)$ 和 $D(X)$.

3. (12 分)设随机变量 $X \sim N(4,9)$,求:

(1) $P(4 < X \leqslant 9.88)$;

(2) $P(X > 9.88)$;

(3) $P(|X-4| > 3)$;

(4) 若 $P(X > c) = P(X \leqslant c)$,求 c.

$[\Phi(0) = 0.5, \Phi(1) = 0.841\ 3, \Phi(1.96) = 0.975]$

4. (12 分)设二维随机变量(X,Y)的联合概率密度为

$$f(x,y) = \begin{cases} kx^2 y, & 0 \leqslant x \leqslant 1, 0 \leqslant y \leqslant 2, \\ 0, & \text{其他.} \end{cases}$$

求:(1) k 的值;

(2) 分别关于 X,Y 的边缘概率密度 $f_X(x), f_Y(y)$,并判断 X,Y 是否相互独立;

(3) $P\left(-\dfrac{1}{2} < X \leqslant 1, -\dfrac{1}{2} < Y \leqslant 1\right)$;

(4) $E(XY)$.

5.(10 分)设总体 X 的概率密度为

$$f(x)=\begin{cases}\alpha x^{\beta}, & 0<x<1,\\ 0, & 其他,\end{cases}$$

其中 α,β 为未知参数且 $\alpha>0$，$(X_1,X_2,\cdots,X_n)$ 是来自 X 的样本，求：

(1) α,β 满足的方程；

(2) 参数 α 的矩法估计量和最大似然法估计量.

6.(6 分)设某次考试的学生成绩服从正态分布，从中随机抽取 36 名考生的成绩，算出他们的平均成绩为 71.5 分，修正标准差为 11 分，问在显著性水平 0.05 下，是否可以认为这次考试全体学生的平均成绩为 75 分？ $[t_{0.05}(35)=1.689\,6,t_{0.05}(36)=1.688\,3,t_{0.025}(35)=2.030\,1,t_{0.025}(36)=2.028\,1]$

模拟试卷 4

一、选择题(本大题分 5 小题，每小题 3 分，共 15 分)

1. 若 A,B 相互独立,则下列式子成立的是(　).
A. $P(B|A)=P(A)$　　　　　　　　 B. $P(AB)=0$
C. $P(AB)=P(A)P(B)$　　　　　　 D. $P(A|B)=P(B|A)$

2. 抛掷一枚不均匀的硬币,正面朝上的概率为 $\frac{2}{3}$,将此硬币连续抛 4 次,则恰好有 3 次正面朝上的概率是(　).
A. $\frac{32}{81}$　　　　 B. $\frac{8}{81}$　　　　 C. $\frac{8}{27}$　　　　 D. $\frac{3}{4}$

3. 设随机变量 X 服从参数为 $\lambda=1$ 的泊松分布,则 $P\{X=E(X)\}=($ 　).
A. $\frac{1}{2}e^{-1}$　　　　 B. $2e^{-2}$　　　　 C. $\frac{1}{2}e^{-2}$　　　　 D. e^{-1}

4. 设 (X_1,X_2,X_3) 是来自总体 X 的一个简单随机样本,则下列选项中最有效的无偏估计是(　).
A. $\mu_1=\frac{1}{3}X_1+\frac{2}{3}X_2$　　　　　　 B. $\mu_2=\frac{1}{2}X_1+\frac{1}{2}X_2$
C. $\mu_3=\frac{1}{4}X_1+\frac{3}{4}X_2$　　　　　　 D. $\mu_4=\frac{2}{5}X_1+\frac{3}{5}X_2$

5. 设二维随机变量 (X,Y) 的分布函数为 $F(x,y)$,边缘分布为 $F_X(x)$ 和 $F_Y(y)$,则 $P(X>x,Y>y)=($ 　).
A. $1-F(x,y)$　　　　　　　 B. $1-F_X(x)-F_Y(y)$
C. $F(x,y)-F_X(x)-F_Y(y)+1$　　 D. $F(x,y)+F_X(x)+F_Y(y)-1$

二、填空题(请在每小题的空格中填上正确答案,错填、不填均不得分,每空 3 分,共 21 分)

1. 已知 A,B,C 为三个随机事件,则 A,B,C 不同时发生的事件可表示为＿＿＿＿＿.

2. 设 A,B 为随机事件,且 $P(A)=0.5,P(B)=0.7,P(A\cup B)=0.8$,则 $P(A-B)=$＿＿＿＿＿.

3. 设随机变量 X 的概率分布为 $P(X=k)=c\left(\frac{1}{3}\right)^k$ $(k=1,2,3)$,则 $c=$＿＿＿＿＿.

4. 已知随机变量 X 在区间 $[0,6]$ 上服从均匀分布,则 $P\left(X^2>\frac{1}{4}\right)=$＿＿＿＿＿.

5. 设随机变量 X 的数学期望与方差分别为 μ 和 σ^2,则由切比雪夫不等式有 $P(|X-\mu|\geqslant 4\sigma)\leqslant$＿＿＿＿＿.

6. 设随机变量 X 服从参数为 $n = 200, p = 0.1$ 的二项分布, Y 服从参数为 $\mu = 2, \sigma = 2$ 的正态分布, 且 X 与 Y 相互独立, 则 $E(X+2Y) = $ _____, $D(X-2Y) = $ _____.

三、解答题(共 64 分)

1. (12 分)有一批产品由甲厂和乙厂生产, 甲厂和乙厂生产的产品分别占 60% 和 40%, 设甲厂和乙厂的产品的次品率分别为 1% 和 2%. 从这批产品中随机抽取一件, 求:

(1) 该件产品是次品的概率;

(2) 若已知所抽取的产品是次品, 问该产品是甲厂生产的概率是多少?

2. (12 分)设随机变量 $X \sim N(1,9)$, 求:

(1) $P(0.5 < X < 1)$;

(2) $P(|X| < 2.5)$;

(3) 确定常数 a, 使 $P(X \geqslant a) = 0.452\ 2$.

$[\Phi(0) = 0.5, \Phi(0.17) = 0.567\ 5, \Phi(0.5) = 0.691\ 5, \Phi(1.17) = 0.879]$

3.(12 分)设随机变量 X 的概率分布为

X	-1	0	1	2
p_i	$\frac{1}{4}$	α	$\frac{1}{8}$	$\frac{3}{8}$

求：(1) 常数 α；(2) X^2 的概率分布；(3) $E(X),D(X)$.

4.(16 分)设二维随机变量 (X,Y) 的联合概率密度为
$$f(x,y)=\begin{cases} k e^{-(x+2y)}, & x>0,y>0, \\ 0, & 其他. \end{cases}$$
求：(1) 系数 k；

(2) $P(Y \geqslant X)$；

(3) (X,Y) 分别关于 X 和 Y 的边缘概率密度 $f_X(x),f_Y(y)$；

(4) 判断 X 和 Y 是否相互独立.

5. (12 分)设总体 $X \sim N(\mu, 1)$,其概率密度函数为

$$f(x ; \mu) = \frac{1}{\sqrt{2\pi}} e^{-\frac{1}{2}(x-\mu)^2} , \quad -\infty < x < +\infty,$$

其中,μ 是未知参数,$(x_1, x_2, \cdots, x_n)$ 是一组样本值.求:

(1) 参数 μ 的矩法估计量;

(2) 参数 μ 的最大似然法估计量.

模拟试卷 5

一、选择题(本大题分 5 小题，每小题 3 分，共 15 分)

1. 设事件 A 与事件 B 互不相容，则(　　).

A. $P(\overline{A}\,\overline{B})=0$ 　　　　　　　B. $P(AB)=P(A)P(B)$

C. $P(A)=1-P(B)$ 　　　　　　　D. $P(\overline{A}\bigcup\overline{B})=1$

2. 已知随机变量 X 与 Y 相互独立，且 $X\sim N(1,9)$，$Y\sim N(-1,2)$，则 $X-2Y\sim$
(　　).

A. $N(3,5)$ 　　　B. $N(3,17)$ 　　　C. $N(-1,13)$ 　　　D. $N(-1,1)$

3. 设总体 X 服从正态分布 $N(\mu,\sigma^2)$，其中 μ 已知，σ^2 未知，$(X_1,\cdots,X_n)$ 为取自总体 X 的简单随机样本，则下列不能作为统计量的是(　　).

A. $\sum\limits_{i=1}^{n}\dfrac{X_i^2}{\sigma^2}$ 　　　　B. $\min\limits_{1\leqslant i\leqslant n}\{X_i\}$ 　　　　C. $\overline{X}$ 　　　　D. $\sum\limits_{i=1}^{n}(X_i-\mu)^2$

4. 设 (X_1,X_2,X_3) 是来自总体 X 的一个简单随机样本，则 $E(X)$ 最有效的无偏估计是
(　　).

A. $\hat{\mu}_1=\dfrac{1}{4}X_1+\dfrac{1}{2}X_2+\dfrac{1}{4}X_3$ 　　　　B. $\hat{\mu}_2=\dfrac{1}{3}X_1+\dfrac{1}{6}X_2+\dfrac{1}{2}X_3$

C. $\hat{\mu}_3=\dfrac{1}{3}X_1+\dfrac{1}{3}X_2+\dfrac{1}{3}X_3$ 　　　　D. $\hat{\mu}_4=\dfrac{2}{5}X_1+\dfrac{1}{5}X_2+\dfrac{2}{5}X_3$

5. 设总体 X 服从正态分布，$E(X)=-1$，$E(X^2)=5$，$(X_1,\cdots,X_n)$ 为取自总体 X 的简单随机样本，则 $\overline{X}=\dfrac{1}{n}\sum\limits_{i=1}^{n}X_i$ 服从(　　).

A. $N(-1,4)$ 　　　B. $N(-1,6)$ 　　　C. $N\left(-1,\dfrac{6}{n}\right)$ 　　　D. $N\left(-1,\dfrac{4}{n}\right)$

二、填空题(请在每小题的空格中填上正确答案，错填、不填均不得分，每空 3 分，共 21 分)

1. 已知 A,B,C 为三个随机事件，则 A,B,C 中至少有两个发生的事件为＿＿＿＿＿＿.

2. 设 A,B 为随机事件，且 $P(A)=0.4$，$P(B)=0.3$，$P(A\bigcup B)=0.6$，则 $P(A-B)=$
＿＿＿＿＿＿.

3. 设随机变量 X 的分布列为 $P(X=k)=c\dfrac{2^k}{k!}$，$k=0,1,2,\cdots$，则 $c=$＿＿＿＿＿＿.

4. 设随机变量 X 服从参数为 $\mu=2$，$\sigma^2=25$ 的正态分布，Y 服从参数为 $\lambda=\dfrac{1}{2}$ 的指数分布，且 X 与 Y 相互独立，则 $E(X+Y)=$＿＿＿＿＿＿，$D(X-2Y)=$＿＿＿＿＿＿.

5. 甲、乙、丙三人独立地破译一个密码，他们各自能破译密码的概率分别为 $\dfrac{1}{5}$，$\dfrac{1}{4}$ 和 $\dfrac{1}{3}$，

则密码能被他们破译的概率为 _____ .

6. 设随机变量 X 的数学期望与方差分别为 μ 和 σ^2，则由切比雪夫不等式有 $P(|X-\mu|<2\sigma)\geqslant$ _____ .

三、解答题(共 64 分)

1. (12 分)市场上出售的某种商品由三个厂家同时供货，第一个厂家的供应量为第二个厂家的两倍，第二个和第三个厂家的供应量相等，且三个厂家的次品率依次是 $2\%,2\%,4\%$.

(1) 从生产的商品中任取一件，求该商品是次品的概率；

(2) 若所取出的商品是次品，求该商品是第一个厂家生产的概率.

2. (12 分)连续型随机变量 X 的概率密度为

$$f(x)=\begin{cases}kx, & 0<x<4,\\ 0, & \text{其他}.\end{cases}$$

求：(1) k 的值；

(2) $P(-1<X<2),P(X=1)$；

(3) $Y=2X+1$ 的概率密度；

(4) $E(X)$.

3.（12分）设随机变量 $X \sim N(1,4)$，求：

（1）$P(-1<X \leqslant 5)$；

（2）$P(X>2)$；

（3）$P(|X-1|<4)$.

$[\Phi(0.5)=0.691\,5, \Phi(1)=0.841\,3, \Phi(2)=0.977\,2]$

4.（12分）已知二维随机变量(X,Y)的概率分布为

(X,Y)	$(1,0)$	$(1,1)$	$(1,2)$	$(2,0)$	$(2,1)$	$(2,2)$
p_i	0.06	0.09	0.15	0.14	0.21	α

求：（1）常数 α；（2）$P(Y<X)$；（3）判断 X,Y 是否相互独立？（4）$Z=X+Y$ 的概率分布.

5. (10 分)设总体 X 服从指数分布

$$f(x) = \begin{cases} \lambda e^{-\lambda x}, & x > 0, \\ 0, & \text{其他}, \end{cases}$$

其中 $\lambda > 0$ 为未知参数, $(X_1, X_2, \cdots, X_n)$ 是来自 X 的样本. 求:

(1) 参数 λ 的矩法估计量;

(2) 参数 λ 的最大似然法估计量.

6. (6 分)某批铁矿石的铁含量服从正态分布,抽取 16 个样品计算出其铁含量的均值 $\bar{x} = 3.21$, 标准差 $S = 0.016$, 问在显著性水平 $\alpha = 0.01$ 下能否接受此批铁矿石铁含量的均值为 3.25 的假设? $\left[t_{0.005}(15) = 2.95 \right]$

模拟试卷 6

一、选择题(本大题分 5 小题，每小题 3 分，共 15 分)

1. 若 A,B 相互独立,则下列式子不成立的是(　　).

A. $P(A|B)=P(B)$　　　　　　　B. $P(AB)=P(A)P(B)$

C. $P(B|A)=P(B)$　　　　　　　D. $P(\bar{A}B)=P(\bar{A})P(B)$

2. 已知随机变量 X 的概率密度为 $f_X(x)$,令 $Y=-3X$,则 Y 的概率密度 $f_Y(y)$ 为(　　).

A. $3f_X(-3y)$　　　　　　　B. $-\dfrac{1}{3}f_X\left(-\dfrac{y}{3}\right)$

C. $\dfrac{1}{3}f_X\left(-\dfrac{y}{3}\right)$　　　　　　　D. $3f_X\left(-\dfrac{y}{3}\right)$

3. 设随机变量 X 服从泊松分布,已知 $P(X=1)=2P(X=2)$,则 $P(X=3)=$(　　).

A. $6e$　　　　B. $3e$　　　　C. $\dfrac{1}{6}e^{-1}$　　　　D. $2e^{-1}$

4. 设 (X_1,X_2) 是总体 $N(\mu,\sigma^2)$ 的一个样本,其中 μ 已知,σ^2 未知,则下列不能作为统计量的是(　　).

A. $\dfrac{X_1+X_2}{2}$　　　　B. $\dfrac{X_1}{\sigma}$　　　　C. $X_1^2+X_2^2-1$　　　　D. $X_1+2\mu X_2$

5. 设 $X\sim N(0,2)$,$Y\sim N(0,2)$,且 X,Y 相互独立,则 $\dfrac{X^2+Y^2}{2}\sim$(　　).

A. $N(1,2)$　　　　B. $F(1,1)$　　　　C. $t(2)$　　　　D. $\chi^2(2)$

二、填空题(请在每小题的空格中填上正确答案,错填、不填均不得分,每空 3 分,共 21 分)

1. 已知 A,B,C 为三个随机事件,则用 A,B,C 及其运算关系可将事件"A,B,C 中只有一个发生"表示为 _____.

2. 设 A,B 为随机事件,已知 $P(A)=0.4$,$P(B)=0.5$,且 $A\subset B$,则 $P(A|B)=$ _____.

3. 设离散型随机变量 X 的分布列为 $P(X=n)=c$,$n=1,2,3,4$,则 $E(X)=$ _____.

4. 设随机变量 X,Y 相互独立,且 $X\sim N(4,1)$,$Y\sim N(3,4)$,则 $2X+Y\sim$ _____, $D(3X-2Y)=$ _____.

5. 设 (X_1,X_2,X_3) 为来自总体 X 的一个简单随机样本,$\hat{\mu}=\dfrac{1}{2}X_1+\dfrac{1}{3}X_2+cX_3$,则当 $c=$ _____ 时,$\hat{\mu}$ 是 $E(X)$ 的无偏估计量.

6. 设 $(X_1, \cdots, X_n)$ 为正态总体 $N(\mu, \sigma^2)(\sigma^2$ 已知$)$ 的一个样本, $\overline{X}, S^2$ 分别为样本均值和样本方差,则 μ 的置信水平为 $1-\alpha$ 的置信区间为_____.

三、解答题(共 64 分)

1.(10 分)设一个仓库中有 10 箱同样规格的产品,其中甲、乙、丙三厂生产的产品分别为 5 箱、3 箱、2 箱,产品的废品率依次为 0.1,0.2,0.3.从这 10 箱产品中任取一箱,再从该箱中任取一件产品.

(1) 求取到的产品为废品的概率;

(2) 若取到的产品为废品,求该废品是由丙厂生产的概率.

2.(12 分)设随机变量 $X \sim N(96,9)$,求:

(1) $P(89.1 < X \leqslant 105.6)$;

(2) $P(X > 90)$;

(3) 确定常数 c,使 $P(X \leqslant c) = 0.841\ 3$.

$[\Phi(1) = 0.841\ 3, \Phi(2) = 0.977\ 2, \Phi(2.3) = 0.989\ 3, \Phi(3.2) = 0.999\ 3]$

3.(12 分)设 X 服从区间 $[-1,3]$ 上的均匀分布,即

$$Y=\begin{cases}-1, & X<0, \\ 0, & 0\leqslant X<2, \\ 1, & X\geqslant 2.\end{cases}$$

求:(1) Y 的概率分布;

(2) $E(3X+2)$;

(3) $D(2X-1)$.

4.(16 分)设二维随机变量 (X,Y) 的联合概率密度为

$$f(x,y)=\begin{cases}kxy, & 0\leqslant x\leqslant 1,0\leqslant y\leqslant 1, \\ 0, & 其他.\end{cases}$$

求:(1) k 的值;

(2) 分别关于 X,Y 的边缘概率密度 $f_X(x),f_Y(y)$,并判断 X,Y 是否相互独立;

(3) $P(X<Y)$;

(4) $E(X)$.

5.(10分)设总体 X 服从参数为 λ 的泊松分布,其概率分布为 $P(x,\lambda)=\dfrac{\lambda^x}{x!}\mathrm{e}^{-\lambda}$,$x=0$,1,2,$\cdots$,其中 $\lambda>0$ 为未知参数,$(X_1,X_2,\cdots,X_n)$ 是来自总体 X 的一个样本.

(1) 求参数 λ 的最大似然法估计量 $\hat{\lambda}$;

(2) 证明 $\hat{\lambda}$ 是 λ 的无偏估计.

6.(4分)已知事件 A 与 B 相互独立,证明 $\overline{A}$ 与 $\overline{B}$ 也相互独立.

模拟试卷 7

一、选择题(本大题分 5 小题，每小题 3 分，共 15 分)

1. 已知 A，B，C 为三个随机事件，则 A，B，C 中至少有一个发生的事件为(　　).

A. $\overline{A}\,\overline{B}\,\overline{C}$　　　　B. $\overline{ABC}$　　　　C. $A\cup B\cup C$　　　　D. ABC

2. 已知随机变量 X 的概率密度为 $f_X(x)$，令 $Y=-\dfrac{1}{2}X+3$，则 Y 的概率密度 $f_Y(y)$ 为

(　　).

A. $-2f_X(-2y+6)$　　　　　　　　B. $2f_X(-2y+6)$

C. $-\dfrac{1}{2}f_X(-2y-6)$　　　　　　D. $\dfrac{1}{2}f_X(-2y+6)$

3. 已知随机变量 X 与 Y 相互独立，且 $X\sim N(1,3)$，$Y\sim N(-2,2)$，则有(　　).

A. $3X+Y\sim N(1,29)$　　　　　　B. $3X+Y\sim N(1,11)$

C. $2X-Y\sim N(4,10)$　　　　　　D. $2X-Y\sim N(0,14)$

4. 设总体 X 服从指数分布 $E(\lambda)$，其中 λ 未知，$X_1,\cdots,X_n$ 为取自总体 X 的简单随机样本，则下列不能作为统计量的是(　　).

A. X_1+X_2　　B. $\min\limits_{1\leqslant i\leqslant n}\{X_i\}$　　C. $X_n+3\lambda$　　D. $(X_n-X_1)^2$

5. 设 $X\sim N(0,1)$，$Y\sim N(0,1)$，且 X，Y 相互独立，则 $X^2+Y^2\sim$ (　　).

A. $N(1,2)$　　B. $t(2)$　　C. $F(1,1)$　　D. $\chi^2(2)$

二、填空题(请在每小题的空格中填上正确答案，错填、不填均不得分，每空 3 分，共 18 分)

1. 设 A，B 为随机事件，$P(A)=0.7$，$P(A-B)=0.3$，则 $P(AB)=$＿＿＿＿＿＿.

2. 设随机变量 X 服从泊松分布，已知 $P(X=1)=2P(X=2)$，则 $P(X=3)=$
＿＿＿＿＿＿.

3. 设随机变量 X 在区间 $[0,6]$ 上服从均匀分布，Y 服从参数为 $n=100$，$p=0.2$ 的二项分布，且 X 与 Y 相互独立，则 $E(X+Y)=$＿＿＿＿＿＿，$D(2X-Y)=$＿＿＿＿＿＿.

4. $\hat{\theta}_1$，$\hat{\theta}_2$ 是参数 θ 的两个无偏估计量，若＿＿＿＿＿＿，则称 $\hat{\theta}_1$ 比 $\hat{\theta}_2$ 有效.

5. 设随机变量 X 的方差为 2，则由切比雪夫不等式有 $P(|X-E(X)|\geqslant 3)\leqslant$
＿＿＿＿＿＿.

三、解答题(共 67 分)

1. (12 分)一道选择题有四个备选项可供选择，其中恰有一个是对的.考生能正确判断的概率为 0.5，在不能正确判断的情况下若凭猜测，则猜中的概率为 $\dfrac{1}{4}$.

(1) 求考生选择正确的概率；

（2）现已知考生选择正确，求不是通过猜测而获得正确答案的概率．

2. (12 分)设 $X \sim N(3,4)$，求：

(1) $P(1 < X < 4)$；

(2) $P(X > 6)$；

(3) $P(|X-3| > 4)$；

(4) 确定 c，使 $P(X < c) = P(X > c)$．

$[\Phi(0.5) = 0.691\ 5, \Phi(1) = 0.841\ 3, \Phi(1.5) = 0.933\ 2, \Phi(2) = 0.977\ 3]$

3.（16 分）设随机变量 X 的概率密度为

$$f(x)=\begin{cases} cx(1-x), & 0<x<1, \\ 0, & \text{其他.} \end{cases}$$

求：（1）常数 c；

（2）随机变量 X 的分布函数；

（3）$P(X=2)$；

（4）$P\left(-1<X<\dfrac{1}{2}\right)$.

4.（17 分）设相互独立的两个随机变量 X,Y 具有相同的概率分布，且 X 的概率分布为

X	0	1
p_i	1/2	1/2

求：（1）(X,Y) 的联合概率分布；

（2）$Z=\max(X,Y)$ 的概率分布；

（3）$W=X+Y$ 的概率分布；

（4）$E(XY)$.

5. (10 分)设总体 X 服从参数为 λ 的泊松分布,其分布列为

$$P(X=x)=\frac{\lambda^x}{x!}\mathrm{e}^{-\lambda},\ x=0,1,2,\cdots$$

其中 $\lambda>0$ 为未知参数,样本 $(X_1,\cdots,X_n)$ 来自总体 X.

(1) 求 λ 的最大似然法估计量 $\hat{\lambda}$;

(2) 证明 $\hat{\lambda}$ 是 λ 的无偏估计.

模拟试卷 8

一、选择题(本大题分 5 小题，每小题 3 分，共 15 分)

1. 已知 A,B,C 为三个随机事件，则 A,B,C 都不发生的事件可表示为(　　).

A. $\bar{A}B\bar{C}$ 　　　B. $\overline{ABC}$ 　　　C. $A\bigcup B\bigcup C$ 　　　D. ABC

2. 已知随机变量 $X\sim B(n,p)$，则有(　　).

A. $E(2X-1)=2np$ 　　　　　　　B. $E(2X+1)=4np$

C. $D(2X-1)=2np(1-p)$ 　　　　D. $D(2X+1)=4np(1-p)$

3. 设离散型随机变量 X 的分布列为 $P(X=n)=c,n=1,2,3$，则 $E(X)=$(　　).

A. $6c$ 　　　　B. 2 　　　　C. $10c$ 　　　　D. 2.5

4. 设 $X\sim N(0,1),Y\sim N(0,1)$，且 X,Y 相互独立，则 $\dfrac{X^2}{Y^2}\sim$(　　).

A. $N(1,2)$ 　　　B. $F(1,1)$ 　　　C. $t(2)$ 　　　D. $\chi^2(2)$

5. 设总体 X 服从正态分布 $N(\mu,\sigma^2)$，其中 μ 已知，σ^2 未知，$(X_1,\cdots,X_n)$ 为取自总体 X 的简单随机样本，则下列选项不能作为统计量的是(　　).

A. $\dfrac{\bar{X}-\mu}{\sigma}$ 　　B. $\max\limits_{1\leqslant i\leqslant n}\{X_i\}$ 　　C. $\bar{X}$ 　　D. $\dfrac{1}{n}\sum\limits_{i=1}^{n}(X_i-\mu)^2$

二、填空题(请在每小题的空格中填上正确答案，错填、不填均不得分，每空 3 分，共 21 分)

1. 设 A,B 为随机事件，$P(A)=\dfrac{1}{4},P(B|A)=\dfrac{1}{2},P(A|B)=\dfrac{1}{3}$，则 $P(A\bigcup B)=$

＿＿＿＿＿＿＿.

2. 设 (X_1,X_2,X_3) 为来自总体 X 的一个简单随机样本，$\hat{\mu}=\dfrac{1}{3}X_1+\dfrac{1}{6}X_2+cX_3$，则当

$c=$＿＿＿＿＿＿时，$\hat{\mu}$ 是 $E(X)$ 的无偏估计量.

3. 已知随机变量 X 与 Y 相互独立，且 $X\sim N(1,2),Y\sim N(-2,1)$，则 $2X-Y\sim$

＿＿＿＿＿＿，$D(X+2Y)=$＿＿＿＿＿＿.

4. 设随机变量 X 服从参数为 $\lambda=2$ 的泊松分布，则 X 的分布律为＿＿＿＿＿＿，

$E(X)=$＿＿＿＿＿.

5. 设 $(X_1,\cdots,X_n)$ 为正态总体 $N(\mu,\sigma^2)$ 的一个样本，其中 σ^2 已知，$\bar{X},S^2$ 分别为样本均值和样本方差，则 μ 的置信水平为 $1-\alpha$ 的置信区间为＿＿＿＿＿＿.

三、解答题(共 64 分)

1. (12 分)设一批产品中，A,B,C 三个工厂生产的产品各占 $50\%,30\%,20\%$，产品的次品率分别为 $0.02,0.04,0.05$，现从中任取一件产品，问：

(1) 取得的产品为次品的概率是多少？

（2）若已知取得的产品是次品,则该产品是 B 厂生产的概率是多少?

2.（12 分）设 $X \sim N(10,4)$,求:

（1）$P(7 < X < 9)$;

（2）$P(X > 13)$;

（3）$P(|X - 10| > 2)$;

（4）确定 c,使 $P(X < c) = 0.975$.

$[\Phi(0.5) = 0.691\ 5, \Phi(1) = 0.841\ 3, \Phi(1.5) = 0.933\ 2, \Phi(1.96) = 0.97\ 5]$

3. (12 分)设连续型随机变量 X 的分布函数为 $F(x)=\dfrac{1}{2}+A\arctan x$,求:

(1) 常数 A 的值;

(2) $P(-1<X\leqslant 1)$,$P(X=3)$;

(3) 概率密度函数 $f(x)$.

4. (16 分)下表列出了二维随机变量 (X,Y) 的联合分布及关于 X 和 Y 的边缘分布中的部分数值.

X＼Y	0	1	2	$P\{X=x_i\}=p_i.$
0	$\dfrac{1}{4}$		$\dfrac{1}{4}$	
1				
$P\{Y=y_j\}=p._j$	0.65			1

(1) 若 $P(XY=0)=1$,试将其余数值填入表中的空白处;

(2) 求 $Z=X+Y$ 的概率分布;

(3) 判断 X 与 Y 是否相互独立;

(4) 求 $E(X)$.

5.(12 分)设电池的寿命 X 服从指数分布,其概率密度为

$$f(x)=\begin{cases}\lambda e^{-\lambda x}, & x>0, \\ 0, & \text{其他},\end{cases}$$

其中 $\lambda>0$ 为参数.随机抽取 5 只电池,测得其寿命如下(单位:h):

    1 150 1 190 1 310 1 380 1 420

求参数 λ 的矩法估计值和最大似然法估计值.